大学物理基础
——光学和量子

主　编　李茂材　樊则宾
副主编　张远弟　王晓艳
　　　　茶国智　曾凌云
主　审　马文淦

科学出版社
北　京

内 容 简 介

本书以教育部高等学校物理学与天文学教学指导委员会编制的《理工科大学物理课程教学基本要求（2010年版）》为指导，以应用型本科学生“理论适度够用，突出实际应用”的培养特点为编写依据. 本分册从几何光学和波动光学的角度为学生精炼地诠释光沿直线传播、光的干涉、光的衍射及光的偏振等的基本原理和特性，深入浅出地为学生呈现了量子物理的内容.

本书适合作为普通高等学校大学物理课程的教材，也可作为相关人员的参考用书.

图书在版编目(CIP)数据

大学物理基础教程：光学和量子物理分册/李茂材，樊则宾主编. —北京：科学出版社，2014

ISBN 978-7-03-041301-7

Ⅰ.①大… Ⅱ.①李… ②樊… Ⅲ.①物理学-高等学校-教材 ②光学-高等学校-教材 ③量子论-高等学校-教材 Ⅳ.①O4

中国版本图书馆CIP数据核字（2014）第140404号

责任编辑：胡云志 / 责任校对：胡小洁

责任印制：张 伟 / 封面设计：华路天然工作室

科学出版社出版

北京东黄城根北街16号

邮政编码：100717

http://www.sciencep.com

北京中科印刷有限公司 印刷

科学出版社发行 各地新华书店经销

*

2014年8月第 一 版 开本：720×1000 B5

2024年1月第九次印刷 印张：9

字数：181 000

定价：39.00元

（如有印装质量问题，我社负责调换）

教材编写委员会

丛书序

随着经济转型和经济增长方式的转变，国家亟需大量的高素质技术应用型和职业技能型高级专门人才．在此背景下，应用型本科教育迅速发展，招生规模逐年扩大．为切实培养出符合国家需求的人才，结合应用型本科教育的培养目标和办学特点，制定出有效的培养方案，是十分重要的．在培养方案的制定过程中，有针对性的、高质量的教材建设是最基础的工作．

以力学、电磁学、热学、光学及近代物理知识为主要内容的大学物理课程，是理学类、工程类、信息类、机电类、农林类、医学类等专业的重要基础课程．它不仅是学生进行后续专业课程学习的桥梁，也是提高学生逻辑思维能力、理论和实践结合能力以及实际动手能力的一门和实验紧密结合的课程．对应用型本科人才培养而言，上述课程的相关教材中理论知识的深度和广度适中即可，但需要特别突出理论知识和实际应用的结合，让学生学习到“理实结合”的方法和特点，即教材需要具备“理论适度够用、突出实际应用”的特征．为此，昆明理工大学、西南林业大学、云南民族大学、大理学院、玉溪师范学院、红河学院等多所高校联合编写了本套应用型本科院校“十二五”规划教材——大学物理系列．

这套教材的编写目的是开展不同层次、不同类别、不同模式、不同侧重的应用型本科人才培养的教学改革．编者在编写过程中以教育部物理学与天文学教学指导委员会编制的《理工科大学物理课程教学基本要求（2010 年版）》为指导，考虑了应用型本科的培养特点和地方院校学生的实际情况，并结合了历年来参编高校在应用型本科教育的培养经验和参编人员的实际教学经验．在保证理论体系完整的前提下，教材中略去了部分理论难度过大而应用型本科学生又不是迫切需要的章节；适度简化了对部分内容的理论推导；增加了相关知识在实际中应用的内容；并选编了对部分专业的学生后续学习有帮助的章节，可供有需要的专业选讲．本教材配置了难度适中的例题与典型习题，并适当增加了具有实际工程应用背景的习题，便于学生巩固基础知识和提高运用知识解决问题的能力．整体上具备了“理论适度够用、突出实际应用”的特点．

我期待这套教材在经过试用并修订完善之后，能够为应用型本科大学物理课程的教学质量和教学效果的提高、为学生的科学素养和理实结合能力的提高做出积极的贡献．

中国科学技术大学

蒋　一

2014 年 6 月 26 日

丛书序

前　言

为满足应用型本科高校的人才培养方案要求，考虑到地方高校学生的实际情况，在昆明理工大学等多所应用型高校的共同努力下，编写了本套大学物理系列教材. 本套教材是为应用型本科学生量身打造的，教材以应用型本科学生“理论适度够用，突出实际应用”的培养特点为编写依据.

教材内容围绕“框架、概念、思路、方法、应用”展开，在讲述物理现象、物理概念的同时，注意引导学生对物理过程进行分析，并培养学生将实际问题抽象为物理图像的能力. 让学生在对整个物理框架有所认识的同时，学会处理一般物理问题的方法和技巧. 全书注意培养学生独立获取知识的能力、分析问题和解决问题的能力、科学观察和理实结合的能力. 在保证理论体系完整的前提下，编者对部分内容的理论推导进行适当简化，略去部分理论难度过大而不属于应用型本科学生迫切需要的内容，同时选编一些工程应用的实例和对部分专业的学生后续学习有帮助的章节，可供需要的专业选讲，彰显了应用型本科大学物理教材的特色. 每章的开篇都有根据生活中的实例图片提出的问题，作为该章的引例，以引导学生进行思考和学习. 部分章节选编了工程应用实例，帮助学生掌握本章知识的实际应用. 每章单独有本章提要，方便学生学完一章后对所学内容进行梳理. 每章都配置难度适中的例题与典型习题，并适当增加具有实际工程应用背景的习题. 习题形式多样，包括思考题、选择题、填空题、计算题. 题目从对有关的基本概念和规律的分析讨论，到处理问题的一般思路、方法，再到具体问题的求解和应用，按层次依次展开，形成了一个完整的引导学习的框架结构.

本套教材共有力学、电磁学、热学、光学和量子物理四个分册. 本书为光学和量子物理分册，本分册从几何光学和波动光学的角度为学生精炼地诠释了光沿直线传播、光的干涉、光的衍射及光的偏振等基本原理和特性，量子物理的内容则深入浅出地为学生打开了一扇探索微观世界的窗.

光学和量子物理分册由李茂材、樊则宾主编. 全书的编写分工为：大理学院的李茂材编写第一章、西南林业大学的王晓艳编写第二章、大理学院的茶国智编写第三章、昆明理工大学的张远弟编写第四章. 西南林业大学的曾凌云参编了部分章节的习题. 全书由大理学院的李茂材和昆明理工大学的樊则宾负责校对，樊则宾并对全书的编写给予了很好的指导意见. 全书由李茂材、樊则宾负责统稿.

中国科学技术大学的马文淦教授仔细阅读了本分册，并提出了许多宝贵的意见，在此表示衷心的感谢！

由于编者水平有限，书中难免会出现缺点和错误，恳请读者提出宝贵意见.

编　者

2014 年 7 月

目　　录

第一章　几何光学 …… 1

§1.1　光线 …… 2

§1.2　几何光学的基本定律 …… 4

§1.3　光在平面上的反射和折射 …… 9

§1.4　光在球面上的反射和折射 …… 11

§1.5　薄透镜 …… 19

工程应用 …… 24

本章提要 …… 35

习题 …… 36

第二章　光的干涉 …… 41

§2.1　相干光　光的相干性 …… 41

§2.2　光程　光程差 …… 44

§2.3　光的干涉 …… 46

§2.4　迈克尔逊干涉仪 …… 59

工程应用 …… 62

本章提要 …… 69

习题 …… 70

第三章　光的衍射和偏振 …… 76

§3.1　光的衍射现象　惠更斯-菲涅耳原理 …… 77

§3.2　单缝衍射　衍射光栅 …… 79

§3.3　光的偏振 …… 87

§3.4　光盘原理 …… 92

工程应用 …… 96

本章提要 …… 102
习题 …… 103
第四章 量子物理基础 …… 108
§4.1 黑体辐射 普朗克能量子假设 …… 109
§4.2 光电效应 爱因斯坦光量子假设 …… 112
§4.3 德布罗意假设 实物粒子的波动性 …… 115
§4.4 不确定性原理 粒子的波函数 …… 117
工程应用 …… 121
本章提要 …… 129
习题 …… 130
参考文献 …… 134

第一章　几何光学

如图 1-1 演示实验所示，在一块厚纸板上开一个十字形小孔（小于 1cm），用屋顶的白炽灯照射，则在厚纸板的下方会留下厚纸板的影子．试问，影子中会出现十字形状的亮斑吗？

动手实验一下，你就会发现影子中孔的位置并没有出现十字形状的亮斑，而是映出了白炽灯的身影，并且所映出的白炽灯的身影和屋顶上的白炽灯相比刚好是倒着的（左右颠倒）．即使将孔的形状变换为三角形、圆形、星形，或者其他任何形状，其实验结果都是左右颠倒着的白炽灯的身影．这是为什么呢？——小孔成像．

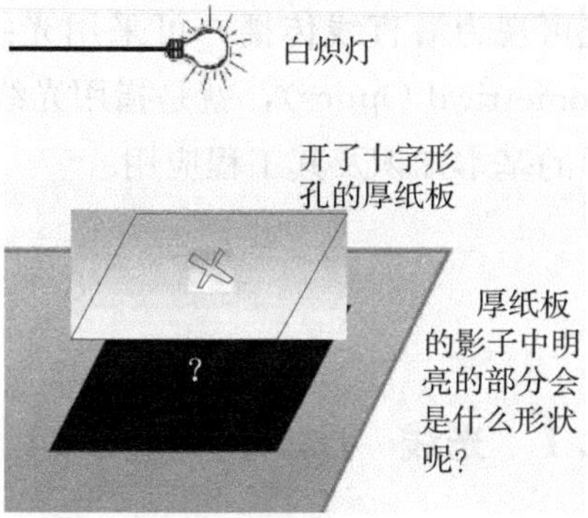

图 1-1　演示实验

实际上，早在 2400 多年前，我国古代学者——墨翟（墨子）就曾深入研究了小孔成像，并在《墨经》上详细记载："景到，在午有端，与景长，说在端．""景，光之人，煦若射，下者之人也高，高者之人也下．足蔽下光，故成景于上；首蔽上光，故成景于下．在远近有端，与于光，故景库内也．"这是世界上第一个演示并记载小孔成倒像的实验，还用光沿直线传播的原理解释了小孔成倒像的原因，图 1-2 给出了小孔成像的示意图．

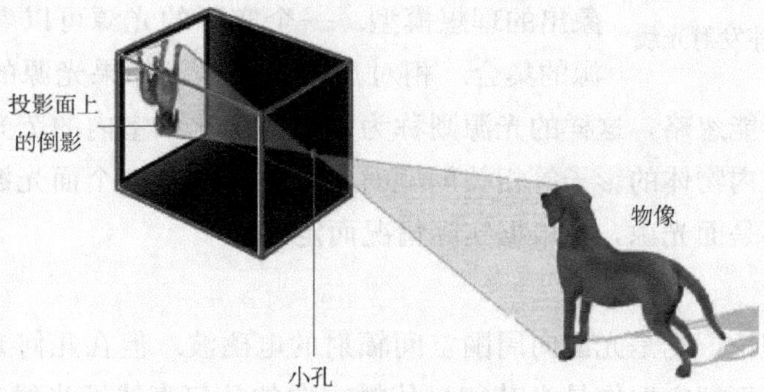

图 1-2　小孔成像示意图

众所周知，麦克斯韦电磁理论和实验都证实了光是一种电磁波. 常规所说的光即可见光，是指**能够引起视觉反应的电磁波**，它只是电磁波谱中很窄的一个波段. 红外线和紫外线尽管不能引起眼睛的视觉反应，但可以运用光学仪器或摄影器材去度量和探测相应发光物体的存在. 因此就光学中光的概念而言，光可以从可见光延伸到红外线和紫外线领域，甚至 X 射线都被认为是光. 又称红外线和紫外线为不可见光.

光的传播过程要用波动理论进行描述，但如果光在各向同性的均匀介质中传播，所遇到的障碍物的线度（如人眼正常瞳孔的线度为 3000～4000μm）较光波波长（可见光的波长为 0.38～0.76μm，这个尺度比最细的灰尘颗粒还要小）大很多时，则光可视为沿直线传播，可采用光线来描述光的传播途径和方向. 所谓几何光学(Geometrical Optics)，就是指用光线来描述光的传播规律的理论. 本章将介绍几何光学的基本知识及其工程应用.

§1.1　光　　线

1.1.1　光线

1. *光源*（light source）

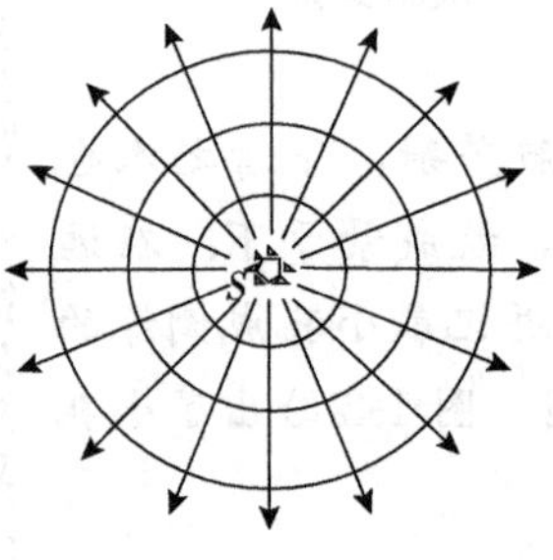

图 1-3　光源向外发射光线

任何能够发光（包括可见光和不可见光）的物体都称为**光源**. 但月亮、石头、树木等依靠反射外来光才能使人们看到的物体，不能称为光源. 光源的最基本发光单元是分子、原子. 当光源的几何尺寸在所涉及的问题中可以忽略时，此光源就可视为**点光源**. 正如力学中的质点概念一样，点光源是为了便于问题的研究而简化抽象出的理想模型. 一个实际的光源可以看成是无数点光源的集合. 相对点光源而言，如果光源的几何尺寸在所涉及的问题中不能忽略，这样的光源则称为**面光源**. 比如室内的荧光灯照射室内的物体，并涉及室内物体的影子等相关问题时，荧光灯则是一个面光源. 一个光源到底视为点光源还是面光源，要根据实际情况而定.

2. *光线*

根据波动理论，光是光源向周围空间辐射的电磁波. 但在几何光学中，不涉及光的波动本性，而把它看作是沿其能量传播方向的几何直线即**光线**，图 1-3 中带箭头的直线即为光源 S 发出的光线. 要注意，“光线”是一个几何抽象的概念，实际物理过程中不可能得到一条光线. 口语中所说的“光线”，可以理解为光源发出的可见光. 光路图中，用带有方向的直线表示光束.

人眼是怎么看到光呢？用电磁波的概念讲，是因为光波波阵面的一小部分进入人眼的瞳孔，引起视觉反应而看到了光. 用光线的概念讲，是由于光源发出的一束锥形光线进入了人眼的瞳孔.

只有迎着光线使光线（强度不是很强）进入瞳孔，我们才可以感觉到光的存在. 注意，不能直视强度很强的光（如电焊作业时发出的光、太阳光等），否则会灼伤眼睛. 从光线的侧面是看不见光线的. 那为什么有时候我们又看到了“光线”呢？比如从一个小孔射入室内的太阳光线，人工实验获得的激光光线. 这是因为在光线传播途径上的介质分子对光产生了散射的结果. 事实上，当光线通过透明介质时，光波的电磁振动会使介质分子中的电子产生振动，这些被振动的电子随即向周围空间辐射电磁波，从而产生散射光. 如果产生的散射光足够强，我们就从光线的侧面看到了“光线”. 此时，我们看到的“光线”实际上是被照亮了的一条介质中的通道. 人眼之所以看到七彩斑斓的自然万物就是物体表面的分子对光的散射的结果.

3. 影（shadow）

光在传播过程中遇到不透明物体时，光线被物体阻档而在物体背光面的后方形成没有光线到达的黑暗区域，称为不透明物体的**影**. 生活中，通常称影为“影子”或“阴影”. 影的大小、形状随光线的入射角而改变，影可分为本影和半影.

如图 1-4（a）所示，点光源会形成鲜明的影子. 面光源会分别形成本影和半影，光线完全照不到的阴影部分是影子的**本影**，只是部分光线照到形成相对本影较淡的阴影部分则是影子的**半影**. 在本影区内看不到光源发出的光，在半影区内能看到光

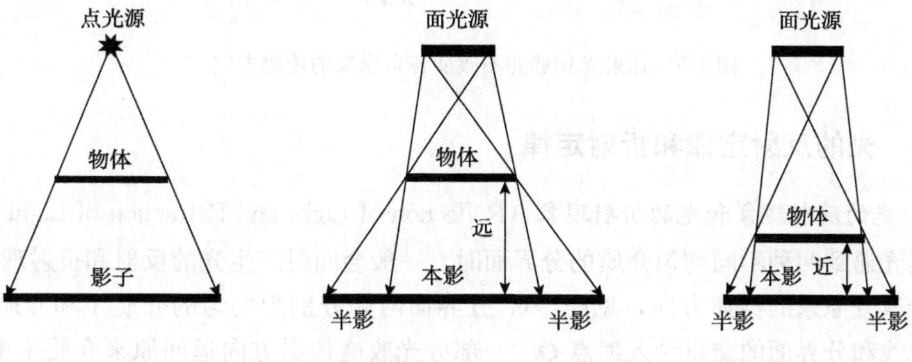

(a)点光源形成鲜明的影子　(b)面光源形成本影和半影　(c)物体靠近影子，半影变小

图 1-4 影子形成的示意图

源发出的部分光. 本影区和半影区的大小与面光源的大小、物体的大小、光源到物体的距离、物体到影子的距离等因素有关，图 1-4（b）和（c）给出了物体的本影和半影以及本影和半影的变化情况. 光源面积越大，遮挡物越小，本影区就越小. 当光源到影的距离和物体的大小固定时，半影区的大小由物体到影子的距离决定，距离越远，半影区越大，反之越小.

§1.2　几何光学的基本定律

1.2.1　光的直线传播和独立传播定律

1. 光沿直线传播定律

人们经过长期的实践和总结得出，在各向同性的同种均匀介质中，光沿着直线传播. 此即光沿直线传播定律. 生活中简单直观的例子，比如物体的影子和小孔成像就体现了光沿直线传播定律.

2. 光的独立传播定律

光的独立传播定律是指两束或多束光相遇时，每一束光都不会因为其他光束的存在而改变原来的传播方向，仍然按照自己原来的方向传播，见图 1-5.

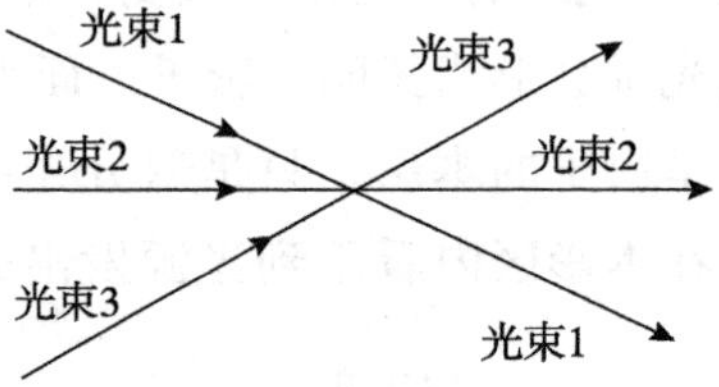

图 1-5　几束光相遇并不改变各自原来的传播方向

1.2.2　光的反射定律和折射定律

1. 光的反射现象和光的折射现象（Reflection of Light and Refraction of Light）

当光遇到两种不同均匀介质的分界面时，一般会同时产生光的反射和折射现象，光线会改变原来的传播方向，见图 1-6. 分界面两侧分别为均匀的介质 1 和介质 2. 入射光线和分界面的交点为**入射点 *O***. 一部分光改变传播方向返回原来介质 1 中传播的现象称为**光的反射现象**. 另一部分光进入介质 2 并沿另一方向传播的现象称为**光的折射现象**. 图 1-6 中，把两种介质交接的区域称为这两种介质的分界面. 为了简单起见，图中的分界面用一条直线段表示分界面是平面. 值得注意的是，介质的分界面即使不是平面也一样会产生光的反射和折射现象．介质 1 中原来的光线称为**入射光线**，反射后返回介质 1 中沿另一方向传播的光线称为**反射光线**，折射后进入介质 2 偏离入射方向传播的光线称为**折射光线**．图中过入射点作垂直于分界面的虚线段，称为**法线**．入射光线与通过入射点的法线所确定的平面称为入射面．入射光线与法线的夹角 $\boldsymbol{\theta}_1$ 称为**入射角**，反射光线与法线的夹角 $\boldsymbol{\theta}'_1$ 称为**反射角**，折射光线与法线的夹角 $\boldsymbol{\theta}_2$ 称为**折射角**.

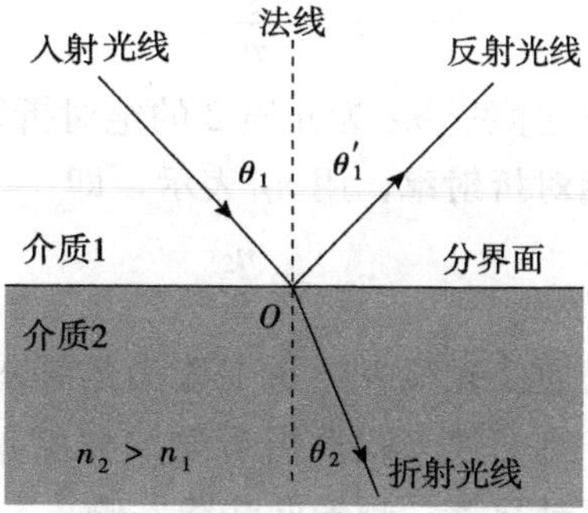

图 1-6　光的反射现象和折射现象

在光的反射现象中，如果光线逆着反射光线入射，当它被反射后则一定逆着原来的入射光线传播，这一现象称之为光路的可逆性．光的折射现象也满足这一特性．比如我们可以通过平面镜的反射光看到别人在注视我们的眼睛，就是因为光路的可逆性.

2. 光的反射定律（The law of reflection）

实验表明，当光发生反射现象时，其反射规律遵从光的反射定律，如图 1-6 所示．它由四点组成：①入射光线、法线、反射光线在同一平面内，即入射面内；②入射光线和反射光线分别处于法线的两侧；③反射角等于入射角，即 $\theta_1=\theta'_1$；④反射角随入射角的增大而增大，减小而减小.

特例，当垂直入射时，入射光线、反射光线和法线三线合一，此时入射角和反射角都为 0°.

例 1-1　太阳光线与水平方向成 40°角，管道工人维修管道为了使阳光照亮竖直向上的管道内部，平面镜该放在与水平方向成多大的角度？

解　根据题意，可绘制 1-7 所示的示意图，水管竖直向上，故反射光竖直向上.

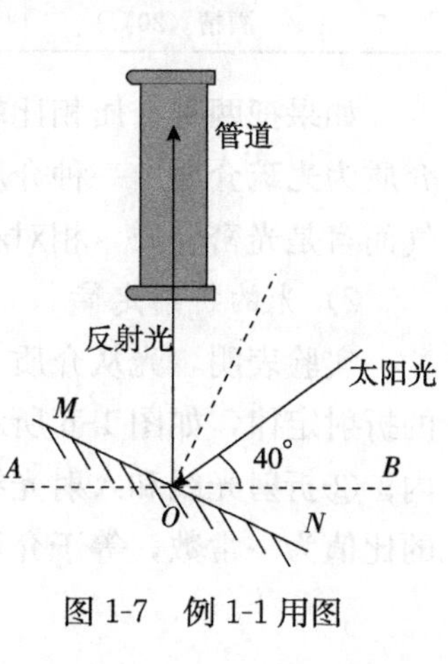

图 1-7　例 1-1 用图

太阳光与水平方向 AB 成 40°角，所以太阳光与反射光的夹角为 90°－40°＝50°，进而入射角为 50°的一半，等于 25°．于是，$\angle BON=25°$

所以，平面镜 MN 该放在与水平方向成 $180°-25°=155°$ 或 $25°$ 的角度.

3. 光的折射定律（the law of refraction）

1）折射率（index of refraction）

光在不同介质中的传播速度是不一样的，光在真空中传播最快，其速率为 c. 如果光在某种介质中的传播速率为 v，则称 c 与 v 的比值为此种介质的**绝对折射率**，简称**折射率**，用 n 表示，即

$$n=\frac{c}{v} \tag{1-1}$$

设 n_1 为介质 1 的绝对折射率，n_2 为介质 2 的绝对折射率，则称 n_2 与 n_1 的比值为介质 2 相对于介质 1 的**相对折射率**，用 n_{21} 表示，即

$$n_{21}=\frac{n_2}{n_1} \tag{1-2}$$

介质的折射率标志着介质使光线发生折射能力的强弱. 当光线从真空进入某介质时，介质的折射率越大，则它使光线发生折射的程度越强，也就是说折射光线偏离原来入射光线方向的程度越显著，越偏向法线一侧.

折射率通常与介质的材料、光的波长、实验环境有关，一般由实验具体测定. 表 1-1 给出了一些常见介质对钠黄光（$\lambda=589.29$nm）的折射率.

表 1-1　一些常见介质的折射率

序号	介质	折射	序号	介质	折射
1	真空	1（基准）	6	金刚石	2.417
2	空气（0℃）	1.000293	7	石英	1.458
3	氦气（0℃）	1.000036	8	冰	1.310
4	水（20℃）	1.333	9	人眼角膜	1.337
5	酒精（20℃）	1.361	10	冕牌玻璃	1.516

如果把两种介质相比较，则称折射率较大的介质为**光密介质**，称折射率较小的介质为**光疏介质**. 一种介质是光密介质还是光疏介质是相对而言的，比如水相对空气而言是光密介质，相对石英而言则是光疏介质.

2）光的折射定律

实验表明，光从介质 1 进入介质 2 时会发生光的折射现象，其折射规律遵从光的折射定律，如图 1-6 所示. 它由三点组成：①折射光线和入射光线都处于入射面内；②折射光线和入射光线分别处于法线的两侧；③入射角的正弦与折射角的正弦的比值为一常数，等于介质 2 相对于介质 1 的相对折射率，即

$$\frac{\sin\theta_1}{\sin\theta_2}=n_{21} \tag{1-3}$$

因为相对折射率 $n_{21}=\frac{n_2}{n_1}$，所以上式又可写为

$$n_1\sin\theta_1 = n_2\sin\theta_2 \tag{1-4}$$

根据公式（1-1），公式（1-3）还可以用光在介质中的速率来表示，即

$$\frac{\sin\theta_1}{\sin\theta_2}=\frac{v_1}{v_2} \tag{1-5}$$

由表 1-1 知道，空气的折射率略大于真空（基准）的折射率. 但在精度要求（小于 0.001）不是很高的实际测量中，可用真空折射率代替空气折射率.

例 1-2 室温下，某玻璃工厂的工程师在空气中对出厂的玻璃产品进行了入射角和折射角的测定，得到表 1-2 的数据. 试问，该工程师如何判定出厂玻璃的折射率为 $n=1.515$.

表 1-2 工程师对出厂玻璃测量的数据表

类别 \ 次数	1	2	3	4	5	6	7	8
入射角 θ_1/°	10	20	30	40	50	60	70	80
折射角 θ_2/°	6.59	13.08	19.28	25.12	30.32	34.85	38.29	40.42

解 根据题意，工程师是在空气中对玻璃产品进行测量，在实际生活中的精度要求范围内可取空气的折射率为 1，设玻璃产品的折射率为 n，则由折射定律 $\frac{\sin\theta_1}{\sin\theta_2}=\frac{n}{1}$ 可计算得到表 1-3 的数据，并计算平均值得玻璃的折射率为 1.515.

表 1-3 计算结果数据表

类别 \ 次数	1	2	3	4	5	6	7	8
$n=\frac{\sin\theta_1}{\sin\theta_2}$	1.513	1.511	1.514	1.514	1.517	1.515	1.516	1.519

1.2.3 全反射

由折射定律知道，如果光从光疏介质进入光密介质，则折射光线偏向法线，折射角小于入射角. 反之，如果光从光密介质进入光疏介质，则折射光线偏离法线，折射角大于入射角，如图 1-8（a）所示. 此时，随着入射角的增大，折射角也增大，当入射角增大到某一临界角度 θ_c 时，折射角为 90°，如图 1-8（b）所示. 若再增大入射角，将没有折射光产生，光被全部反射回原介质中，如图 1-8（c）所示，这种现象称为光的全反射现象，简称全反射.

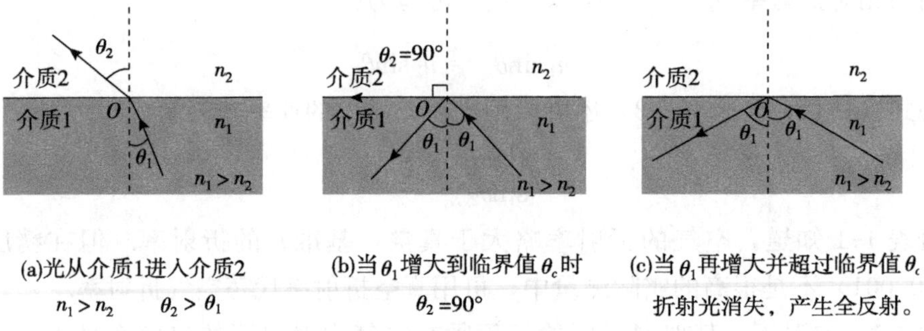

图 1-8　光的全反射

根据折射定律，全反射时有$\dfrac{n_2}{n_1}=\dfrac{\sin\theta_1}{\sin\theta_2}=\dfrac{\sin\theta_c}{\sin 90°}$　（$n_1>n_2$），则

$$\sin\theta_c=\frac{n_2}{n_1} \tag{1-6}$$

式中 θ_c 为全反射时的临界入射角.

例如，$n_2=1$ 的空气对于 $n_1=1.5$ 的玻璃而言，临界角 $\theta_c=41.81°$.

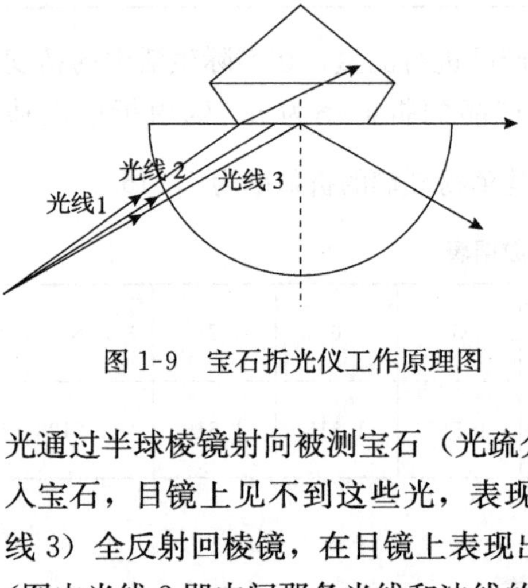

图 1-9　宝石折光仪工作原理图

根据光的全反射原理，人们研制出一种用来测量宝石的折射率的仪器，称为宝石折光仪. 主要由高折射率棱镜（铅玻璃或合成立方氧化锆）、棱镜反射镜、透镜、标尺（内标尺或外标尺）和目镜等组成. 其工作原理可简化为图 1-9 所示的原理图. 它用一个半球型高折射率的均质性材料作棱镜（图中半圆形部分）. 被测宝石（折射率较半球棱镜小）放置在半球棱镜的上方，光通过半球棱镜射向被测宝石（光疏介质），小于临界角的光线（图中的光线 1）进入宝石，目镜上见不到这些光，表现为一个暗域；大于临界角的光线（图中的光线 3）全反射回棱镜，在目镜上表现出一个亮域；明暗域的分界线相当于该临界角（图中光线 2 即中间那条光线和法线的夹角）的位置. 目镜下安装有一个标尺，刻有与此临界角相对应的折射率值，明暗域界限指示的数值即被测物质的折射率. 不同的宝石其明暗域界限的位置不一样，从而指示的折射率值不一样. 所以，宝石折光仪测量宝石折射率的实质是测量宝石的临界角，只是将临界角的读数直接转换成折射率值而已.

全反射在工程技术中应用很广，比如医疗设备内窥镜上使用的光导纤维（详见工程应用部分），双筒望远镜的全反射棱镜就应用了光的全反射.

§1.3　光在平面上的反射和折射

1.3.1　光在平面上的反射

1. 平面的反射成像

光源发出的光照在物体上，一般会因为反射面粗糙不平而产生漫反射. 但如果反射面是平滑光洁的，就会因反射而产生“完善”的虚像. 如图 1-10 所示，点光源 S 向四周发出发散的光，经平面镜反射后，其反射光也是发散的，反射光的反向延长线必然交会于平面镜后方 S' 点. 若逆着反射光看过去，仿佛觉得光线是从 S' 点发出的，实际上在 S' 位置并没有任何实际的光源，S' 只是实在的点光源 S 的一个像，它是个虚像.

2. 平面反射成像的原理

平面反射所形成的虚像是由反射光线的反向延长线交会形成，所以平面反射成像的原理就是光的反射原理，所形成的像是虚像.

3. 平面镜成像特点

如图 1-10 所示，物体在平面镜内形成相对于镜面对称的虚像. 平面镜的成像特点概述如下：①物体在平面镜中形成正立等大的虚像，物和像关于镜面对称；②物点和像点到镜面的距离相等，两点的连线垂直于镜面；③物体和像的大小相等，上下不变，但左右相反.

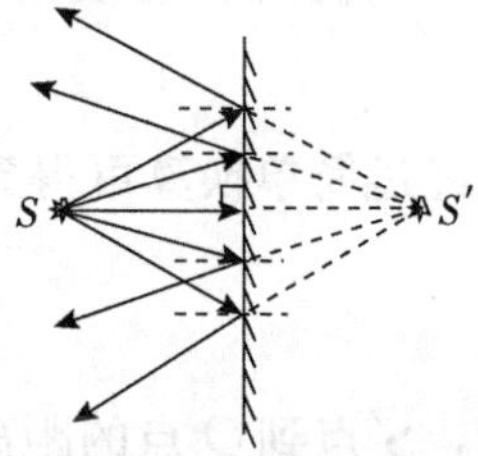

图 1-10　光在平面上的反射成像

值得强调的是，人们会因为走近镜子，感觉自己在镜子中的像变大了. 这是人眼视角造成的看物体时“近大远小”的视觉效果. 当人们靠近镜子时，其视角增大，所以感觉自己的像增大了. 实际上，无论你离镜子是远还是近，你在镜子中的像和你本身是等大的.

4. 平面镜的应用

平面镜在实际生活和工程技术中都有广泛的应用. 比如古人使用的铜镜，现代的穿衣镜，练功房里的墙面镜，牙科医生使用的反射镜，潜艇上的潜望镜，显微镜，投影仪等都能作为应用平面镜的实例.

例 1-3　小强进行视力测试时，视力表到镜面的距离为 3.0m，小强距离镜面 2.5m.

试问：(1) 小强和他的像相距多远？(2) 小强到视力表的像之间的距离是多少？

（3）小强的像和视力表的像之间的距离是多少？

解　根据平面镜成像特点：（1）小强和他的像到镜面的距离相等，所以小强和他的像相距 5.0m；（2）视力表的像到镜面的距离是 3.0m，小强距离镜面 2.5m，所以小强到视力表的像的距离是 5.5m；（3）小强和视力表相距 0.5m，所以小强的像和视力表的像也相距 0.5m.

1.3.2　光在平面上的折射

接下来，我们将讨论光在平面上折射后的成像，它完全不同于光在平面上反射成像的情况. 点光源发出的发散光线因在平面上的入射角不同，折射光线的反向延长线一般不会相交于同一点，从而难以形成“完善”的像.

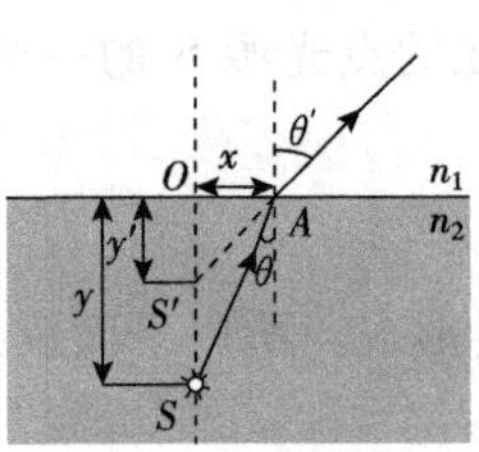

图 1-11　光在平面上的折射成像

如图 1-11 所示，为简单起见，考虑从点光源 S 发出的一条光线从介质 2 进入介质 1，与分界面相交于 A 点. OS 是过 S 并垂直于分界面的垂线，折射光线的反向延长线与 OS 垂线相交于 S' 点，θ 为入射角，θ' 为折射角，根据折射定律有 $n_2\sin\theta=n_1\sin\theta'$.

设 $OA=x$，$OS=y$，$OS'=y'$，则 $y=x\cot\theta$，$y'=x\cot\theta'$. 于是，$\dfrac{y'}{y}=\dfrac{\cot\theta'}{\cot\theta}$，

经过简单换算可得到

$$y'=y\frac{\sqrt{n_1^2-n_2^2\sin^2\theta}}{n_2\cos\theta}\tag{1-7}$$

显然，S' 点到 O 点的距离与入射光线的入射角 θ 有关.

现在，我们只考虑了一条光线，从点光源 S 发出的光是发散的，每一条光线的入射角都不一样，从而折射光线的反向延长线与 OS 线的交点位置都不一样. 这就是光在平面上折射后难以得到“完善”的像的原因. 比如我们看水中的物体时，常常会觉得物体变形了，和看实物的感觉不一样. 工艺品厂商就是利用树脂材料包裹一些小动物或植物标本制作工艺品，从而达到使工艺品夸张或变形的视觉感受.

只有当所有光线的入射角都近似为零时，OS' 的距离才是一个确定的值，即

$$y'=\frac{n_1}{n_2}y\tag{1-8}$$

如果，$n_2>n_1$，则 $y'<y$. 这就是物体在水中的实际深度比我们感觉到的要深的原因. 一般将公式（1-8）中的 y' 值称为竖直看水深的**视深度**（Apparent depth）.

例 1-4　游泳池边上的指示牌标注“水深 2.0 米”，水面平静时垂直向下看，问此时游泳池水的视深度是多少？

解　因为水的折射率 $n=\frac{4}{3}$，空气的折射率取 1，则根据公式（1-8）有

$$y'=\frac{3}{4}\times 2.0\ 米=1.5\ 米$$

§1.4　光在球面上的反射和折射

1.4.1　近轴条件下单球面镜的反射

反射镜面为球面的一部分的镜子，称为球面镜（spherical mirror）. 反射面为球面的内表面的球面镜称为凹镜（concave mirror）；反之，反射面为球面的外表面的球面镜称为凸镜（convex mirror）. 无论凹镜还是凸镜，反射面只是单个面的球面镜都称为单球面镜. 被球面镜反射的每一条光线在反射点都严格遵循光的反射定律，但平行光被球面镜反射后，反射光线会因为反射点的不同而沿不同的方向反射. 而反射光是会聚还是发散，取决于反射镜的反射面，凹镜能使反射光线会聚，凸镜则会使反射光线发散.

1. 球面镜的基本概念

如图 1-12 所示，M 为球面凹镜，其对称中心 V 点称为顶点. C 点是球面的球心，又称 C 点为曲率中心. 称通过球心和顶点的直线 CV 为球面镜的光轴（optical axis）.

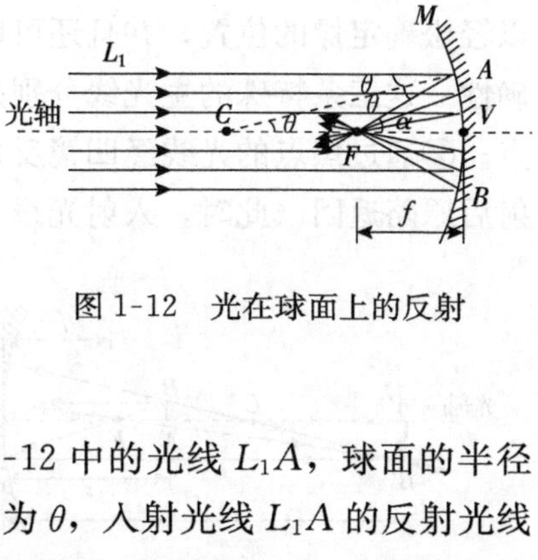

图 1-12　光在球面上的反射

一般而言，凹镜能够使平行于光轴的平行光会聚，但并不是严格地使每一条平行光线都会聚于同一点，而是一片小的区域.

对于靠近光轴的一些特殊的平行光，比如图 1-12 中的光线 L_1A，球面的半径 CA 刚好是光线 L_1A 入射点 A 的镜面法线，入射角为 θ，入射光线 L_1A 的反射光线与光轴相交于 F 点，于是有 $\angle CAF=\angle FCA=\theta$. 设圆弧 VA 的长度为 l，球面的曲率半径为 r，则 $\theta=\frac{l}{r}$. **如果光线 L_1A 离光轴足够的近**，则近似地有 $\alpha=\frac{l}{f}$，$\alpha=\angle AFV$，f 为凹镜顶点到点 F 的距离.

因为，$\angle AFV$ 是 $\triangle AFC$ 的一个外角，所以 $\alpha=2\theta$，进而 $\frac{l}{f}=2\frac{l}{r}$，于是

$$f=\frac{r}{2} \tag{1-9}$$

显然，其他离光轴更近的光线都能够得到上式的结果. 也就是说，只要**离光轴**

足够近的平行光线，经凹镜反射后都能够相交于 F 点．所以，称 F 点为凹镜的焦点（focal point），称 f 为凹镜的焦距（focal length）．那么，所谓**近轴光线**就是指经过凹镜反射后能够相交于焦点的光线．值得强调的是，能够称为近轴光线的前提条件是，**光线离光轴足够的近**，否则公式（1-9）不成立．至此可知，平行于光轴的近轴光线经凹镜反射后将会聚于焦点．根据光路的可逆性，从凹镜焦点发出的光线，经凹镜反射后，可以得到平行于光轴的平行光，比如探照灯、汽车前灯、手电筒等都是将灯泡设计在凹镜的焦点位置达到获得平行光的目的．对于凸镜，也存在类似的一个焦点，只不过是平行光经过凸镜反射后反射光线的反向延长线的交点，是一个虚线的交点．

2. 近轴条件下单球面凹镜的反射成像

1）凹镜的反射成像和几何作图法绘制生成的像

根据凹镜能够会聚光线的特性，在近轴的条件下，通过凹镜可以获得物体的清晰的像．根据物体所处位置的不同，可以得到不同的像．比如，若物体处在顶点和焦点之间的位置，反射后得到虚像；若物体处在焦点之外，则反射后得到实像．至于如何显示成像结果，可以通过几何作图的方法来直观地展现．根据凹镜成像特性和光的基本定律可以得到三条特殊的主光线供我们选择，只要任选其中的两条就可以轻松确定像的位置，并且还可以利用剩下的第三条光线来检验几何作图结果的正确性．这三条特殊的主光线分别是：①平行于光轴的光线经凹镜反射后一定通过焦点；②通过焦点的光线经凹镜反射后平行于光轴返回；③通过球心的光线经凹镜反射后原路返回（此时，入射光线、反射光线和法线三线合一）．

2）凹镜反射成像的公式

应用几何作图法可绘制得到图 1-13 所示的凹镜成像结果图．图中，在光轴上，实线箭矢 AB 表示物体，虚线箭矢 $A'B'$ 表示物体的像．物体所处的位置到凹镜顶点的距离 s 称为物距，物体的像所处的位置到凹镜顶点的距离 s' 称为像距，f 为焦距．

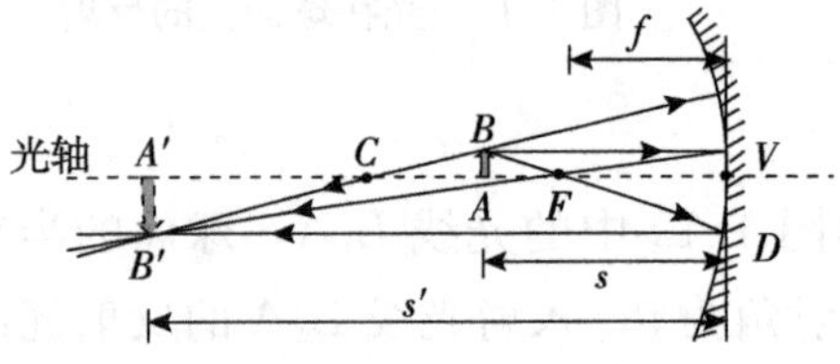

图 1-13 光在凹镜上的反射成像

因为，$\triangle ABF$ 与 $\triangle VDF$ 相似，所以 $\frac{VD}{AB}=\frac{VF}{AF}=\frac{f}{s-f}$.

在近轴光线的条件下，$A'B'=VD$，于是有

$$\frac{A'B'}{AB}=\frac{f}{s-f} \tag{1-10}$$

又因为，$\triangle ABC$ 与 $\triangle A'B'C$ 相似，所以 $\frac{A'B'}{AB}=\frac{A'C}{AC}=\frac{s'-2f}{2f-s}$，于是又有

$$\frac{A'B'}{AB}=\frac{s'-2f}{2f-s} \tag{1-11}$$

根据式（1-10）和式（1-11），得 $2f^2-fs=ss'-fs'-2fs+2f^2$，整理后得到

$$\frac{1}{s}+\frac{1}{s'}=\frac{1}{f} \tag{1-12}$$

这就是**球面镜的成像公式**. 在近轴光线的条件下，对于球面凸镜上式也一样成立.

对式（1-12）两边同时乘以 s 并简单整理可得到：$\frac{s'}{s}=\frac{f}{s-f}$，结合式(1-10)则定义凹镜成像的横向放大率（magnification）m 为

$$m=\frac{A'B'}{AB}=-\frac{s'}{s} \tag{1-13}$$

式中负号表示像和物体分别处于光轴的两侧.

3）凹镜反射成像的规律

如图 1-14 所示，物体处于不同的位置，凹镜成像的结果不一样. 一般规律如下：

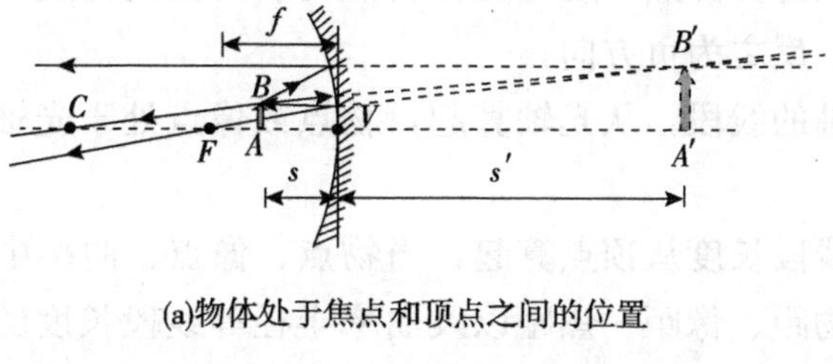

(a)物体处于焦点和顶点之间的位置

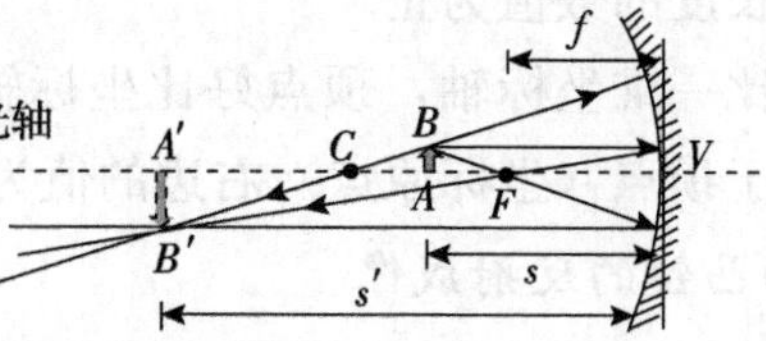

(b)物体处于球心和焦点之间的位置

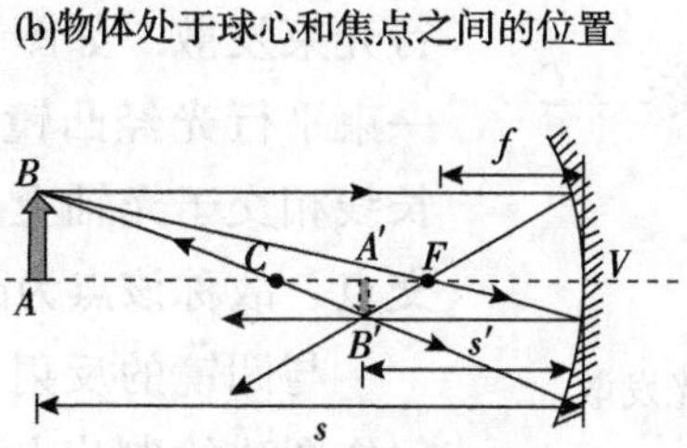

(c)物体处于球心之外的位置

图 1-14　凹镜反射成像的规律

(1) 当物体处于顶点和焦点之间的位置时，经凹镜反射后生成正立放大的虚像(virtual image)，见图 1-14 (a)，虚像处于凹镜顶点右侧的位置，当物体靠近焦点时像远离顶点，当物体无限趋向焦点时虚像趋向无穷远；

(2) 物体处于焦点位置时，经凹镜反射后成平行光线不会相交，所以不能成像；

(3) 当物体处于球心和焦点之间的位置时，经凹镜反射后生成倒立放大的实像(real image)，见图 1-14 (b)，像在球心之外的位置，当物体靠近球心时，像也靠近球心；

(4) 物体处于球心位置时，经凹镜反射后生成倒立等大的实像，像处于球心的位置与物体关于光轴对称；

(5) 当物体处于球心之外的位置时，经凹镜反射后生成倒立缩小的实像，像处于球心和焦点之间位置，见图 1-14 (c)，当物体远离球心（物距增大）时实像靠近焦点，物距趋于无穷大时实像的大小趋于零，位置趋于焦点.

4) 符号法则

为了使上面的成像公式具有普适性，需要对一些符号的正负进行规定：

(1) 以球面顶点为分界点，规定光轴自左向右的指向为正，光线指向与光轴正向相同的为正方向，反之为负方向；

(2) 垂直于光轴的线段，从光轴算起，物点或像点处于光轴的上方为正，处于光轴的下方为负；

(3) 光轴上，线段长度从顶点算起，当物点、像点、曲率中心点、焦点处于顶点左侧时，相应的物距、像距、焦距以及曲率半径等线段长度的数值为负，反之处于顶点的右侧时相应线段长度的数值为正.

这样规定后，光轴好比一维坐标轴，顶点好比坐标轴的原点，位于顶点（坐标原点）左边的值为负，位于顶点（坐标原点）右边的值为正.

3. 近轴条件下单球面凸镜的反射成像

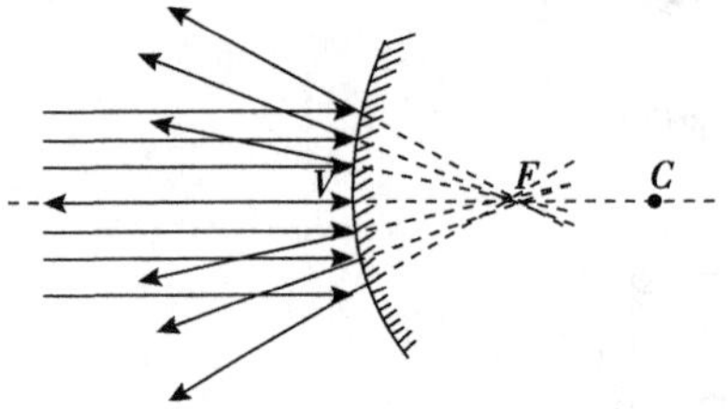

图 1-15　凸镜使平行光发散

和凹镜会聚光线的特性相反，凸镜会使平行光束发散. 如图 1-15 所示，在**近轴的条件**下一束平行光经凸镜反射后，反射光线的反向延长线相交于光轴上的 F 点，由于该点是虚线的交点，故称该点为凸镜的**虚焦点**.

与凹镜的反射成像类似，一样可以采用几何作图法绘制出凸镜反射后所生成的像. 如图 1-16所示，实线箭矢 AB 为物体，虚线箭矢 $A'B'$ 为生成的像，只不过凸镜所生成的像是一个缩小正立的虚像. 可以证明，其成像公式和像的横向放大率与式 (1-12)、式（1-13）完全一致．此时，像距、焦距和曲率半径均为正值．

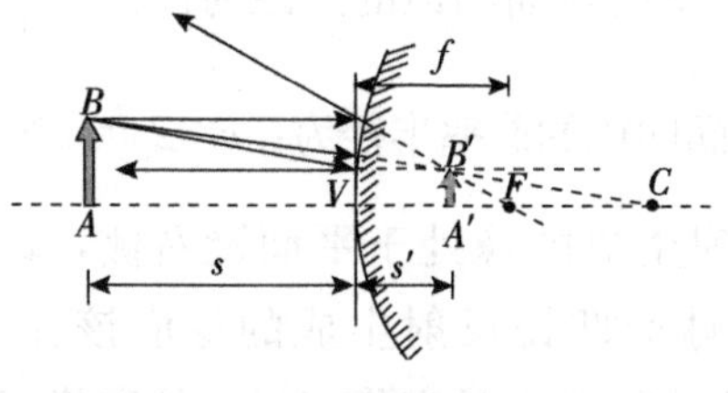

图 1-16　凸镜的反射成像

例 1-5　某人站在一球面反射镜前 2m 处时，能够看到自己被放大到 3 倍的正立的像．问：此球面反射镜是凸镜还是凹镜？该球面反射镜的曲率半径是多少？

解　因为经球面反射镜反射后生成的像是放大正立的像，所以根据球面反射镜的成像规律知道该球面反射镜是凹镜，并且像是虚像，处于顶点右侧．

又因像被放大了 3 倍，根据式（1-13）得虚像距离顶点 6m．

由符号法则可知：像距 $s'=6\text{m}$，物距 $s=-2\text{m}$，所以根据式（1-12）得此凹镜的焦距为：$f=\frac{ss'}{s+s'}=\frac{(-2)\times 6}{(-2)+6}\text{m}=\frac{-12}{4}\text{m}=-3\text{m}$．

再由式（1-9）得此凹镜的曲率半径为：$r=2f=2\times(-3)\ \text{m}=-6\text{m}$，负号表示曲率中心在顶点的左侧．

例 1-6　一球面凹镜与一平面镜相对放置，平面镜在左侧，球面凹镜在右侧，两镜相距 40cm，如果在球面凹镜前 15cm 处放置物体 AB，经过两次反射后由平面镜生成的像距离平面镜 10cm，试求球面凹镜的曲率半径．

解　根据题意可绘制如图 1-17 所示的示意图．

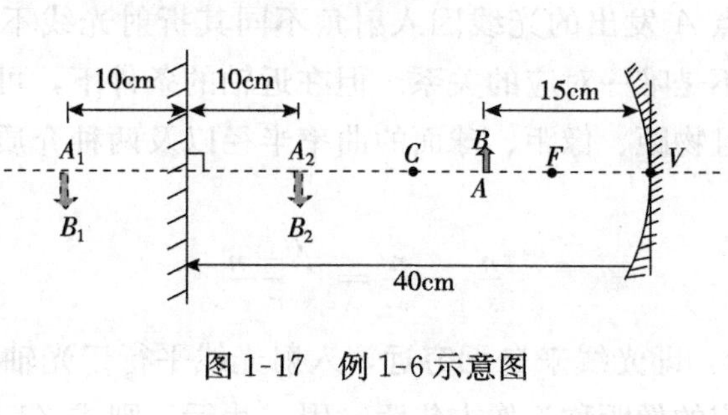

图 1-17　例 1-6 示意图

分两种情况讨论：

（1）假如由平面镜生成的像是虚像，即图中 A_1B_1 的位置，那么由球面凹镜反射生成的像是一个实像，处于图中 A_2B_2 的位置，也就是说 A_1B_1 是 A_2B_2 的像．所以，此时 A_2B_2 距离球面凹镜顶点 30cm．

由符号法则可知：物距 $s=-15\text{cm}$，由球面凹镜生成的实像 A_2B_2 的像距 $s'=-30\text{cm}$，根据公式（1-12）得此球面凹镜的焦距为：$f=\frac{ss'}{s+s'}=\frac{(-15)\times(-30)}{(-15)+(-30)}\text{cm}=-\frac{450}{45}\text{cm}=-10\text{cm}$，所以球面凹镜的曲率半径为：$r=2f=2\times(-10)\text{ cm}=-20\text{cm}$.

（2）假如由平面镜反射生成的像处于平面镜右侧，即图中 A_2B_2 的位置，此像应该是一个实像，那么由球面凹镜反射生成的像应该在平面镜的左侧，处于图中 A_1B_1 的位置，是一个实像，只是此时实像 A_1B_1 是实像 A_2B_2 的虚物. 所以，由球面凹镜反射生成的实像 A_1B_1 距离球面凹镜顶点 50cm.

由符号法则可知：物距 $s=-15\text{cm}$，由球面凹镜生成的实像 A_1B_1 的像距 $s'=-50\text{cm}$，根据公式（1-12）得球面凹镜的焦距为：$f=\frac{ss'}{s+s'}=\frac{(-15)\times(-50)}{(-15)+(-50)}\text{cm}=-\frac{750}{65}\text{cm}=-11.54\text{cm}$，所以球面凹镜的曲率半径为：$r=2f=2\times(-11.54)\text{ cm}=-23.08\text{cm}$.

1.4.2　近轴条件下单球面上的折射

1. 单球面折射的成像公式

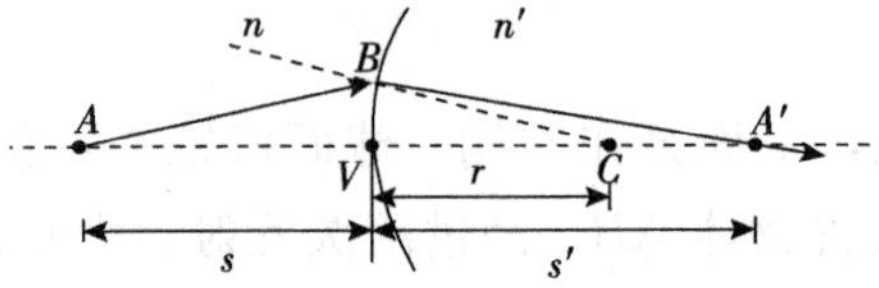

图 1-18　单球面体的折射

如图 1-18 所示，在折射率为 n 的介质中，光轴上某位置物点 A 发出一条入射光，照射在半径为 r、折射率为 n'（$n'>n$）的球体界面上的 B 点，折射光线在球体介质中与光轴相交于 A' 点，该点就是物点 A 的像点.

一般情况，物点 A 发出的光线因入射角不同其折射光线不会严格相交于同一点，即物点和像点不是唯一对应的关系. 但在近轴的条件下，可以证明物点和像点是一一对应的，并且物距、像距、球面的曲率半径以及两种介质的折射率遵从以下成像公式：

$$\frac{n'}{s'}-\frac{n}{s}=\frac{n'-n}{r} \tag{1-14}$$

式中，若物距 $s\to\infty$，即光线来自无穷远，入射光线平行于光轴，此时的像点 F' 称为像方的焦点，相应的像距称为像方焦距，用 f' 表示，则式（1-14）变形为

$$f'=\frac{n'r}{n'-n} \tag{1-15}$$

同理，若像距 $s'\to\infty$，即折射光线射向无穷远，折射光线平行于光轴，此时的物点 F 称为物方的焦点，相应的物距称为物方焦距，用 f 表示，则式（1-14）变

形为

$$f=-\frac{nr}{n'-n} \tag{1-16}$$

观察上两式，其右端仅跟介质的折射率和球面的曲率半径有关，说明对于一定的介质和一定的球面曲率半径，物方焦距和像方焦距都是常量，式（1-16）中的负号表示物方焦点在顶点的左侧．另外，式（1-15）中 n 最小可取 1，因 $n'>n$，则总是有 $n'>n'-n$．所以，$f'>r$，即此时像方焦点在球面曲率中心的右边．

对式（1-14）两边乘以$\frac{r}{n'-n}$，得$\frac{n'}{s'}\frac{r}{n'-n}-\frac{n}{s}\frac{r}{n'-n}=1$，于是式（1-14）又可以写成

$$\frac{f'}{s'}+\frac{f}{s}=1 \tag{1-17}$$

一般称式（1-14）至式（1-17）为单球面镜折射的成像公式．

2. 单球面折射成像的几何作图法

在近轴的条件下，根据单球面折射成像的特性，可以得出简单直观的几何作图法来绘制单球面折射所生成的像．具体只需选取下列两条光线：（1）平行于光轴的入射光线，其折射光线一定经过像方焦点；（2）经过物方焦点的入射光线，其折射光线一定平行于光轴．则上述两条折射光线的交点就是物点的像点（图 1-19）．

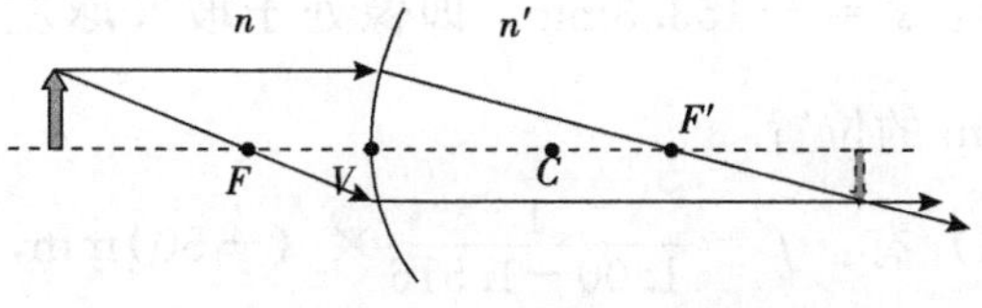

图 1-19　球面折射成像的几何作图法

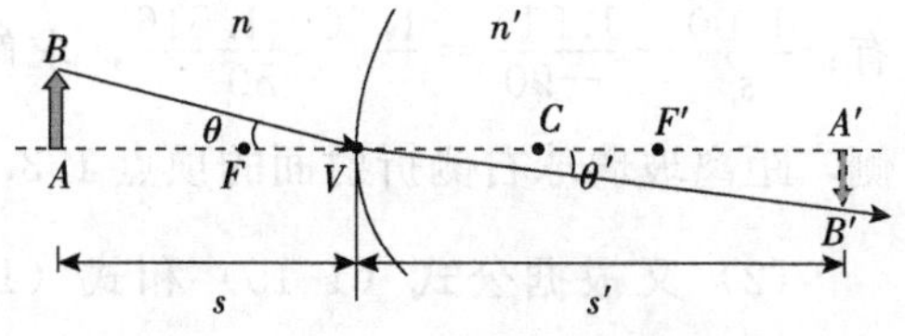

图 1-20　球面折射成像的横向放大率

3. 单球面折射成像的横向放大率

如图 1-20 所示，折射率为 n 的介质中物体 AB 经单球面折射后在折射率为 n' 的介质中生成像 $A'B'$．θ 为入射角，θ' 为折射角，则$\frac{AB}{s}=\tan\theta$，$\frac{A'B'}{s'}=\tan\theta'$，由光的折射定律得：$n\sin\theta=n'\sin\theta'$．

在近轴的条件下，入射角和折射角都很小，$\theta'\simeq\theta$，$\tan\theta\simeq\sin\theta$，$\tan\theta'\simeq\sin\theta'$，于是，简单整理就可以得到单球面折射成像的横向放大率

$$m=\frac{A'B'}{AB}=\frac{ns'}{n's} \tag{1-18}$$

由此说明，单球面折射成像的横向放大率不仅跟物距、像距有关，还和两种介质的

折射率有关. $|m|>1$ 表示生成放大的像，$|m|<1$ 表示生成缩小的像，$m>0$ 表示生成正立的像，$m<0$ 表示生成倒立的像. 需要说明的是，上述公式对球形凹面的折射也成立，在运用时物距、像距、焦距、球面曲率半径的正负都遵从球面反射的符号法则.

例 1-7　在一个半径为 50mm，折射率为 1.516 的玻璃球中左侧离球心 40mm 处有一个柱状物体，今在玻璃球的右侧观察物体的成像情况. 试求：(1) 像的位置；(2) 玻璃球右侧折射面的像方焦点和物方焦点的位置；(3) 像的横向放大率，并分析像的性质.

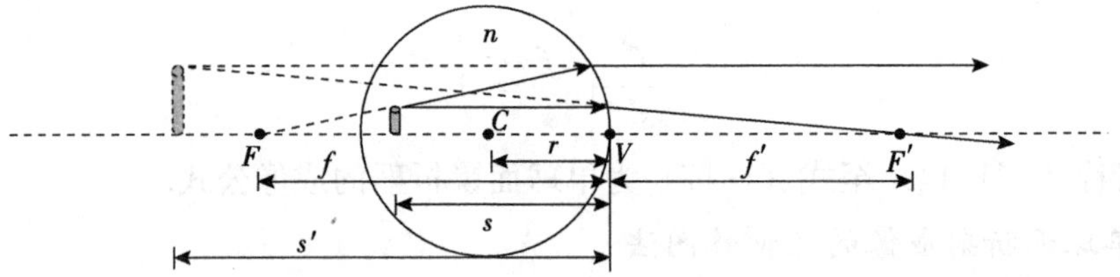

图 1-21　例 1-7 示意图

解　依题意可绘制如图 1-21 的示意图，

(1) 根据符号法则有：曲率半径 $r=-50\text{mm}$，物距 $s=-90\text{mm}$.

已知玻璃球的折射率 $n=1.516$，空气的折射率取 $n'=1.00$，则根据公式(1-14)有：$\dfrac{1.00}{s'}-\dfrac{1.516}{-90}=\dfrac{1.00-1.516}{-50}$，求解得：$s'=-153.3\text{mm}$，即像处于玻璃球左侧，距离玻璃球右侧折射面的顶点 153.3mm 的位置.

(2) 又根据公式 (1-15) 和式 (1-16) 有：$f'=\dfrac{1}{1.00-1.516}\times(-50)\text{mm}$，$f=-\dfrac{1.516}{1.00-1.516}\times(-50)\text{mm}$，计算得像方焦距 $f'=96.9\text{mm}$，物方焦距 $f=-146.9\text{mm}$，说明像方焦点在玻璃球右侧，物方焦点在玻璃球左侧.

(3) 再根据公式 (1-18) 计算横向放大率得：$m=\dfrac{ns'}{n's}=\dfrac{1.516\times(-153.3)}{1.00\times(-90)}=2.58$，说明柱状物体经玻璃球右侧折射面折射后生成放大正立的虚像.

§1.5　薄　透　镜

1.5.1　薄透镜

1. 透镜（optical lens）

上节中我们讨论了单球面折射成像的情况，但实际生活中的光学器件往往不止单个折射面. 比如近视眼镜的镜片，光从空气中折射进入镜片再从镜片中折射回到空气中，这样就出现两个折射面成像的情况，照相机、显微镜、望远镜等光学系统的折射面就更多.

透镜是一种有两个折射面且能将光线会聚或发散的光学元件，一般由两个曲率半径分别为 r_1 和 r_2 的球形分界面组成，分凸透镜和凹透镜两种类型. 中间厚两端薄的透镜为凸透镜，中间薄两端厚的透镜为凹透镜（图 1-22）. 透镜表面可以是凸面（从透镜向外凸起），也可以是凹面（凹陷进入透镜），还可以是平面（平坦的，此时曲率半径为无穷大），故可以改变球形分界面的曲率半径磨制得到不同形状的透镜，如平凸透镜、平凹透镜、双凸透镜、凸凹透镜、双凹透镜等.

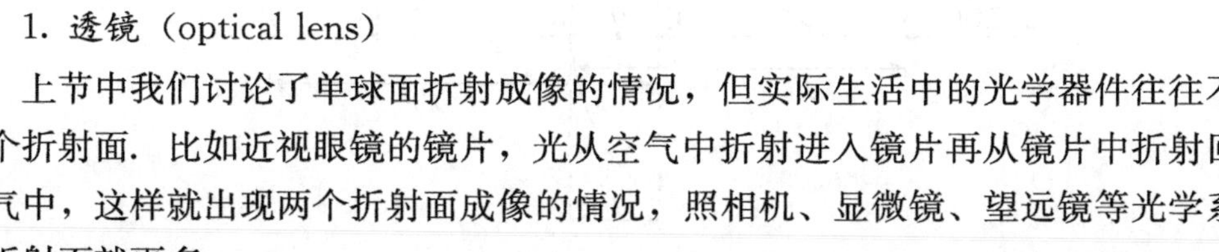

(a) 凸透镜　　(b) 凹透镜

图 1-22　透镜结构图

2. 薄透镜（Thin-Lens）

以凸透镜为例，如图 1-23 所示，C_1 和 C_2 以及 V_1 和 V_2 分别是凸透镜的两个球形分界面的曲率中心和顶点，两球形分界面的曲率半径分别是 r_1 和 r_2，同时用 C_1 和 C_2 表示两个球形分界面. O 是凸透镜的物理中心，d 是两球形分界面顶点之间的距离称为凸透镜的厚度. 过物理中心和两个顶点的直线，称为**主光轴**. 凸透镜有使光线会聚的作用，当平行于主光轴的平行光从左侧入射到凸透镜上，由于 C_2 分界面（凸透镜左侧的界面）的折射作用会使平行光会聚在凸透镜右侧主光轴上的 F' 点，f' 为 V_2 到 F' 的距离. 同理，当平行于主光轴的平行光从右侧入射到凸透镜上，由于 C_1 分界面（凸透镜右侧的界面）的折射作用会使平行光会聚在凸透镜左侧主光轴

上的 F 点，f 为 V_1 到 F 的距离. 当透镜的厚度 d 远远小于两折射面的曲率半径时，凸透镜的厚度可以忽略不计，这样的凸透镜就称为薄凸透镜.

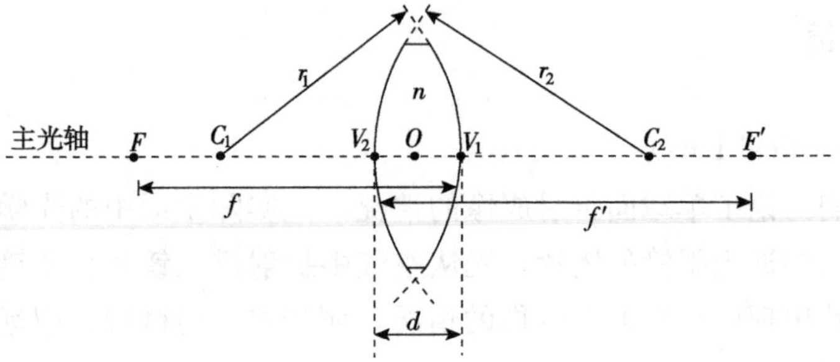

图 1-23　凸透镜结构图

实际上，无论是凸透镜还是凹透镜，只要满足透镜厚度 d 远远小于球面曲率半径 r 的条件，都统称为**薄透镜**（以后本章所涉及的透镜除专门说明外都是指薄透镜）. 此时因不计透镜厚度，所以认为顶点 V_1 和 V_2 以及透镜的物理中心点三点重合于物理中心 O 点，于是称 O 点为薄透镜的**光心**，如图 1-24 所示. 这样近似处理以后，焦距和曲率半径以及后面将要介绍的有关薄透镜的物距和像距的起点都从光心开始. 一般又称放置物体一方（薄透镜左侧）的点 F 为薄透镜的**物方焦点**，称光心到物方焦点的距离 f 为**物方焦距**，称另一侧的点 F' 为薄透镜的**像方焦点**，称光心到像方焦点的距离 f' 为**像方焦距**. 不满足 d 远远小于 r 条件的透镜则称为厚透镜.

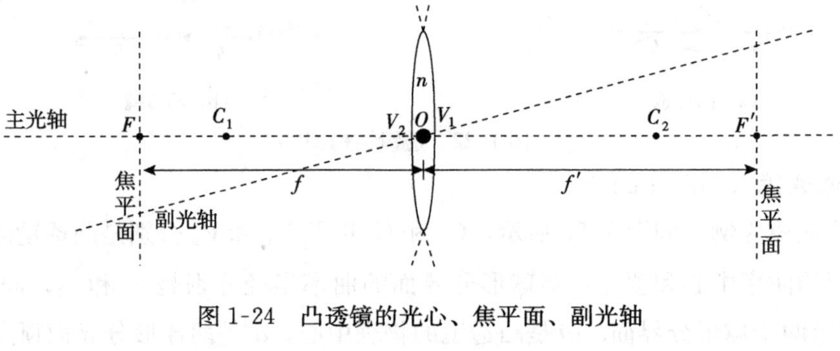

图 1-24　凸透镜的光心、焦平面、副光轴

另外，即使不平行于主光轴的平行光通过凸透镜后也能会聚于一点，该点在过焦点且垂直于主光轴的平面上. 因此，称过焦点且垂直于主光轴的平面为透镜的**焦平面**. 除主光轴外，一般称过光心的任意直线（倾斜角不太大）为**副光轴**.

对于凹透镜而言，会使光线发散. 发散光线的反向延长线相交的点就是焦点，其他概念与凸透镜完全一样.

3. 薄透镜成像的几何作图法

如图 1-25 所示，在同种介质中，只需选取下列三条光线即可绘制出物体经薄透镜所生成的像：①平行于主光轴的入射光线，通过薄透镜后一定经过像方焦点；②经过物方焦点的入射光线，通过薄透镜后一定平行于主光轴；③通过光心的光线不改变方向.

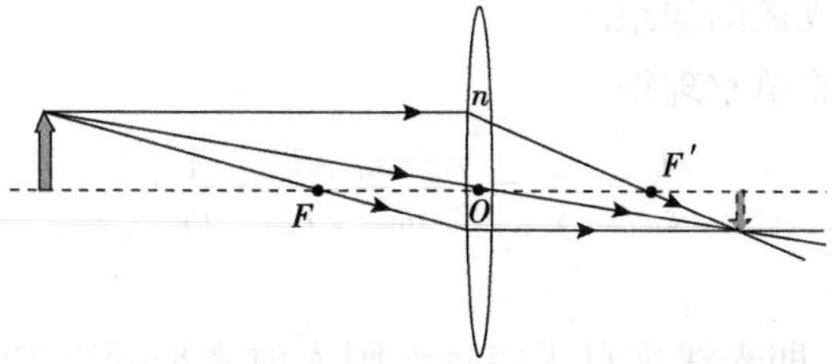

图 1-25 薄透镜成像的几何作图法

1.5.2 薄透镜成像公式

1. 薄透镜成像公式

由薄透镜的结构知道，薄透镜成像实际上就是球形界面的两次折射的结果. 下面我们以薄凸透镜为例来推导薄透镜的成像公式，如图 1-26 所示，折射率为 n 的薄凸透镜放置在折射率为 n_0（$n>n_0$）的介质中，其主光轴上一物点 P 发出的一条光线射在凸透镜上.

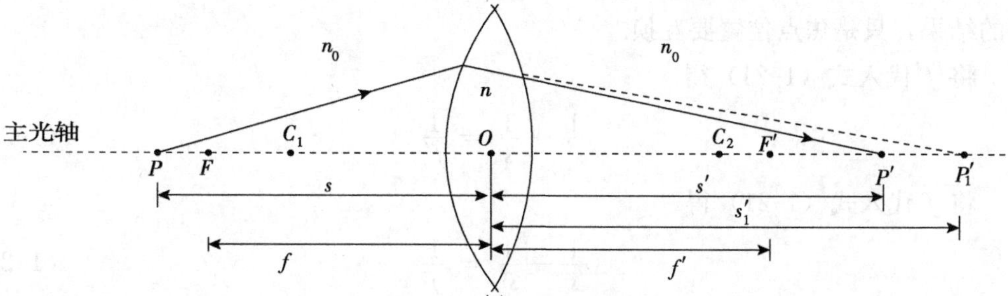

图 1-26 凸透镜成像公式图

首先，入射光经 C_2 分界面（凸透镜左侧的界面）折射后，其像点为 P'_1点，根据式（1-14）有

$$\frac{n}{s'_1}-\frac{n_0}{s}=\frac{n-n_0}{r_2} \tag{1-19}$$

其次，在凸透镜中的光线经 C_1 分界面（凸透镜右侧的界面）折射后，其像点为 P'点，根据式（1-14）又有

$$\frac{n_0}{s'} - \frac{n}{s'_1} = \frac{n_0 - n}{r_1} \tag{1-20}$$

所以，物点发出的入射光经凸透镜界面两次折射后最终成像在 P'位置，P'点是物点 P 的像点. 称从光心到物点 P 的距离 s 为凸透镜成像的物距，称从光心到像点 P'的距离 s'为凸透镜成像的像距.

将上两式相加并简单整理得

$$\frac{1}{s'} - \frac{1}{s} = \frac{n - n_0}{n_0}\left(\frac{1}{r_2} - \frac{1}{r_1}\right) \tag{1-21}$$

对上式进行讨论：

当物距 $s \to \infty$时，即光线来自无穷远，则入射光平行于主光轴. 此时的像点与凸透镜像方焦点重合，像距 s'等于像方焦距，即 $s' = f'$. 所以，

$$\frac{1}{f'} = \frac{n - n_0}{n_0}\left(\frac{1}{r_2} - \frac{1}{r_1}\right) \tag{1-22}$$

当像距 $s' \to \infty$时，即出射光线射向自无穷远，则出射光线平行于主光轴. 此时的物点与凸透镜物方焦点重合，物距 s 等于物方焦距，即 $s = f$. 所以有

$$\frac{1}{f} = -\frac{n - n_0}{n_0}\left(\frac{1}{r_2} - \frac{1}{r_1}\right) \tag{1-23}$$

比较式（1-22）和式（1-23）后，显然有

$$f' = -f \text{ 或 } |f'| = |f| \tag{1-24}$$

由此说明，薄凸透镜的物方焦距和像方焦距的长度相等，薄凹透镜也能得到一样的结果，只是焦点位置要互换.

将 f'代入式（1-21）得

$$\frac{1}{s'} - \frac{1}{s} = \frac{1}{f'} \tag{1-25}$$

将 f 代入式（1-21）得

$$\frac{1}{s} - \frac{1}{s'} = \frac{1}{f} \tag{1-26}$$

上两式也可以用一个式来表示：

$$\frac{f}{s} + \frac{f'}{s'} = 1 \tag{1-27}$$

一般称式（1-27）为**薄透镜的成像公式**，又叫**磨镜者公式**，实际运用中也可根据实际情况灵活使用式（1-25）和式（1-26）. 需要说明的是，式中各符号仍遵循符号法则，但此时物距、像距、焦距、曲率半径等各线段的距离的起算点要从光心

算起.

特别，当薄透镜放在空气中时，n_0 取 1，则空气中薄透镜的焦距为

$$f=-\frac{1}{(n-1)\left(\frac{1}{r_2}-\frac{1}{r_1}\right)} \tag{1-28}$$

如果两球面的半径都为 R，则 $r_2=R$，$r_1=-R$，则空气中薄透镜的焦距为

$$f=-\frac{R}{2(n-1)} \tag{1-29}$$

由此说明，这种情况时，薄凸透镜的焦距与球面曲率半径成正比. 一般经验是凸透镜的边缘间距一定时，透镜中间越厚则曲率半径越小，焦距也越小.

由横向放大率公式（1-18）有 $m_1=\frac{n_0 s_1'}{ns}$ 和 $m_2=\frac{ns'}{n_0 s_1'}$，于是定义**薄透镜的横向放大率**为 $m=m_1\cdot m_2$，即

$$m=\frac{s'}{s} \tag{1-30}$$

2. 薄透镜成像规律

如图 1-27 所示，根据薄透镜的成像公式，可以绘制出空气中薄凸透镜和薄凹透镜的物距和像距的关系曲线以展现薄透镜的成像规律.

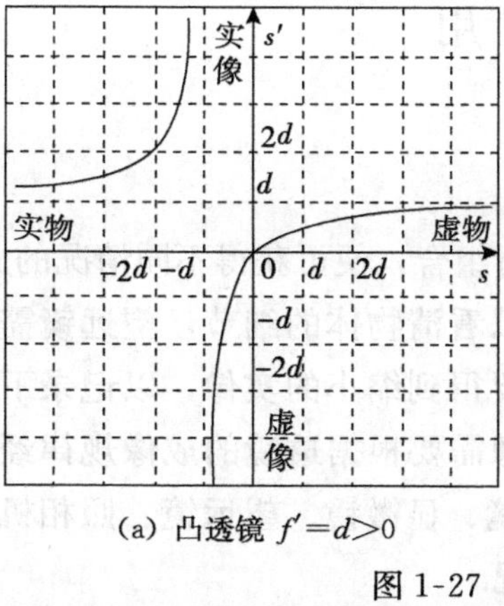

(a) 凸透镜 $f'=d>0$

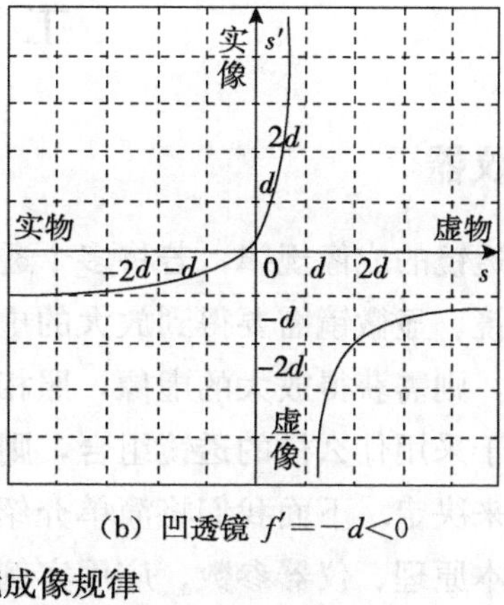

(b) 凹透镜 $f'=-d<0$

图 1-27　薄透镜成像规律

上图直观地给出了物距和像距的关系以及所生成的像的特性. 比如在凸透镜中，当物距 $s<-2d$（即两倍焦距之外），像距 $d<s'<2d$，放大率 $|m|<1$ 且为负值，生成缩小倒立的实像；当物距 $s=-2d$（即两倍焦距的位置），像距 $s'=2d$，放大率 $m=-1$，生成等大倒立的实像；当物距 $-2d<s<-d$（介于一倍焦距到两倍焦距之间），像距 $s'>2d$，放大率 $|m|>1$ 且为负值，生成放大倒立的实像；当物距 $-d<s<0$（一倍焦距以内），像距 $|s'|>|s|$，物距和像距同号，放大率

$|m|>1$ 且为正值，生成放大正立的虚像. 其他情况，以此类推.

例 1-8 一个物体高 $h=5.00\text{cm}$，经过薄凸透镜生成倒立缩小的实像，像距是物距的一半，若把物体向薄凸透镜方向移动 15.00cm，则获得与物体等大的像，试求此薄凸透镜的焦距和倒立缩小实像的像高.

解 因为第一次生成倒立缩小的实像，则由符号法则和薄透镜放大率公式(1-30)得，像距为正，物距为负，且 $\frac{s'_1}{s_1}=-\frac{1}{2}$，所以 $s'_1=-\frac{1}{2}s_1$. 代入薄透镜成像公式（1-25）得 $s_1=-3f'$；

第二次生成的像与物体等大，同理可得 $s_2=-2f'$；

物体两次放置的位置相距 15.00cm，即 $s_2-s_1=15.00\text{cm}$（$s_2<0$，$s_1<0$ 且 $|s_2|<|s_1|$），

所以，薄凸透镜的焦距 $f'=15.00\text{cm}$.

根据薄凸透镜的放大率 $m=\frac{s'_1}{s_1}=-\frac{1}{2}$ 知道，第一次生成的像高为物体高度的一半，即 2.50cm，负号表示像是倒立的.

工 程 应 用

A. 助视仪器

根据透镜的成像规律，若将多个透镜进行组合，便可获得不同情况的成像需要. 比如放大镜、显微镜需要得到放大的虚像，以看清物体的细节，望远镜需要将遥远实景拉近，则需获得放大的虚像，照相机需要得到缩小的实像，以记录下拍摄的实况等. 至于采用什么样的透镜组合，则由成像需要根据透镜的成像规律经过严格的科学计算来决定. 下面我们将简单介绍放大镜、显微镜、望远镜、照相机几种助视仪器的基本原理、仪器参数、应用实例等情况.

1. 放大镜（magnifier）

为了看清楚微小的物体或物体的细节常常用到放大镜，而放大镜就是一片薄凸透镜，是最简单的光学助视仪器. 据说约公元前一世纪，罗马皇帝尼鲁曾用宝石当凸透镜来观赏斗士比赛. 放大镜将物体放大的原理如图 1-28 所示，显然物体经放大镜放大后人眼看到的是物体被放大的虚像，此时物体处在放大镜的焦距以内.

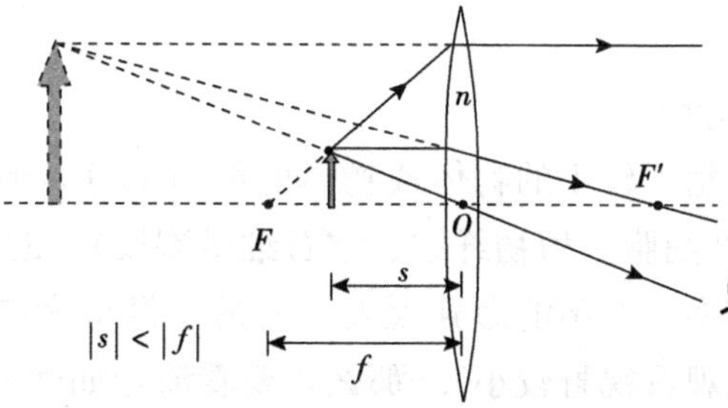

图 1-28 放大镜的放大原理

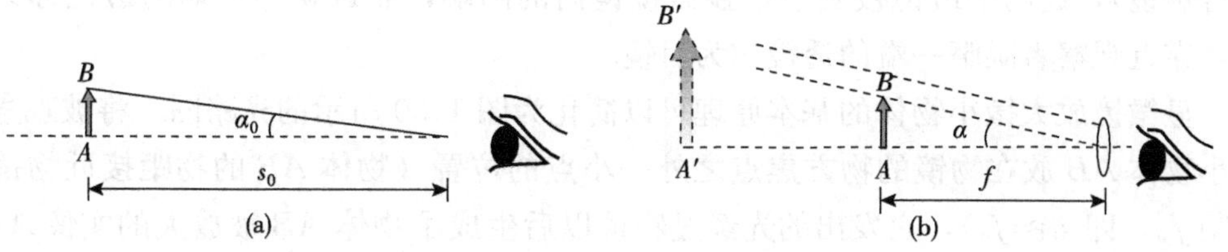

图 1-29 放大镜的放大倍率

如图 1-29(a) 所示，物体的边缘在眼睛处的张角，称为眼睛对物体的视角，即图中的 α_0. 我们都有这样的经验，为了把物体看清楚，常常将物体拉近或靠向物体. 这样做的实际原因是增大物体的视角，也就是说同样的物体离眼睛越近，其视角越大，看得也就越清楚. 当然，眼睛和物体之间的距离也不是越近越清楚，当眼睛靠近到离物体的距离小于某一最小距离时，反而看不清物体了，这里就存在一个眼睛的明视距离的概念. 所谓明视距离，是指能够看清楚物体时物体和眼睛之间的最小距离（图 1-29(a) 中的 s_0)，一般正常眼睛的明视距离是 25cm 左右. 一个小物体放在明视距离 s_0 处，它的视角是 $\alpha_0=\dfrac{AB}{s_0}$. 当处在放大镜焦距以内的物体靠向焦点时，其虚像将远离焦点，虚像的视角也将变大. 如果物体刚好处在放大镜的焦点位置，则虚像生成在无限远处，虚像的视角最大，看得最清楚，此时的虚像的视角为 $\alpha=\dfrac{AB}{f}$，见图 1-29(b). 一般就以这种情况来定义放大镜的放大功能，用角放大率 $m_\alpha=\dfrac{\alpha}{\alpha_0}$表示，若明视距离 s_0 取 25cm，焦距 f 的单位为 cm，则放大镜的放大倍率（也叫放大倍数）为

$$m_\alpha=\frac{25}{f} \tag{1-31}$$

生活中使用放大镜的经验告诉我们，放大镜中间凸起越厚，则放大倍率越大.

其原因是放大镜凸起越厚则透镜的曲率半径越小，从而焦距越小，所以放大倍率越大.

2. 显微镜（microscope）

通过放大镜我们看清楚了较小的物体或物体的细节部分，但若希望看清更微小（微米量级）的东西（如红细胞、植物纤维、宝石细微裂纹），放大镜就无能为力了，因为常规放大镜的放大倍率一般不能做到太大（若透镜做得太厚，则不能称为薄透镜，成像效果不理想，且观看视野较小）. 那么，要看清楚如微米量级的物体就只能采用其他放大能力更强的助视仪器，即显微镜.

显微镜是一种常用的助视仪器，其主要光学元件是两个凸透镜（实际上是两组复合透镜），这两个透镜被安装在显微镜镜筒的两端，靠近物体一端的透镜称为物镜，靠近观察者眼睛一端的透镜称为目镜.

显微镜放大微小物体的基本原理可以简化为图 1-30 所示的光路图. 将被观察的微小物体 AB 放在物镜的物方焦点之外一小点的位置（物体 AB 的物距接近物镜的焦距 f_o，即 $s_1 \approx f_o$），它发出的光经过物镜以后生成了物体 AB 被放大的实像 A_1B_1（实像 A_1B_1 的像距为 $s'_1 = f_o + L$，L 是物镜像方焦点和目镜物方焦点间的距离）. 调节目镜使实像 A_1B_1 恰好处于目镜物方焦点的位置，则由前面介绍的放大镜原理知道在目镜像方就能看到被目镜放大了的虚像 A_2B_2，最终达到放大微小物体 AB 的目的.

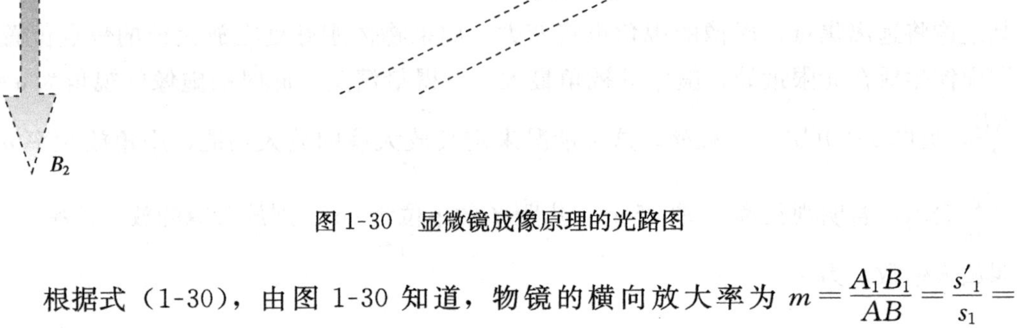

图 1-30　显微镜成像原理的光路图

根据式（1-30），由图 1-30 知道，物镜的横向放大率为 $m = \dfrac{A_1B_1}{AB} = \dfrac{s'_1}{s_1} = \dfrac{f_o + L}{f_o}$，再由放大镜的角放大率得目镜的角放大率为 $m_\theta = \dfrac{25}{f_e}$，故物镜的放大率乘以

目镜的放大率就是显微镜的放大率 M，即 $M=m\cdot m_\theta$. 为了提高显微镜的放大率，物镜和目镜的焦距都很短，而物镜和目镜又被安装在显微镜镜筒的两端，所以 L 的值都远大于物镜和目镜的焦距，即 $L\gg f_o$，$L\gg f_e$，则 $f_o+L\approx L$，并且 L 的值一般就取显微镜镜筒的长度（f_o、f_e、L 只表示具体的值）. 这样，显微镜的放大率为

$$M=m\cdot m_\theta=\frac{25L}{f_of_e} \tag{1-32}$$

现代显微镜镜筒的长度通常约定为 17～19cm，因此只需更换不同焦距的目镜和物镜就能获得不同的放大率. 对于一台显微镜，显微镜生产商一般都会设计搭配不同放大率的几组物镜和目镜的组合，以扩展显微镜的使用范围. 物镜的放大倍率通常为 5～100 倍，若对物镜进行浸液处理则能够显著提高显微观察的分辨率，比如油浸物镜. 目镜的放大倍率通常为 5～20 倍，根据所能看到的视场大小，目镜可分为视场较小的普通目镜和视场较大的大视场目镜（广角目镜）两类.

需要指出的是，显微镜的分辨率和放大倍率是两个不同但又互有联系的概念. 显微镜的分辨率是指能被显微镜清晰区分的两个物点的最小间距. 如果显微镜的分辨率很高而放大倍率不足，则显微镜虽已具备分辨能力，终因图像太小而不能被人眼清晰看清. 光学显微镜（利用可见光照亮物体的显微镜）的放大倍率由于光的波动性也不能无限增大，因为光学元件的最小分辨角（$\delta=1.22\dfrac{\lambda}{D}$，$\lambda$ 为可见光波长，D 为光学元件孔径）和可见光波长成正比，和光学元件孔径成反比. 波长越短、孔径越大则分辨角越小，能看清的物体线度就越小. 一般情况，物镜的孔径不可能做得太大，因此就算是采用波长最短的紫光作为照明光线的显微镜，其有效放大率大约也不超过 2000 倍，超过这个极限后如果再增大放大倍数，得到的图像其轮廓虽然很大但细节却模糊不清. 若希望看清楚更小尺度的物体或结构就只能借助电子显微镜或扫描隧道显微镜了.

3. **望远镜**（telescope）

直接观察遥远物体时，眼睛和待观察物体间的距离非常遥远（如遥远的天体），使视角非常小以至于看不清楚，但通过望远镜则可以增大观察遥远物体的视角，远处的物体好像被“移近”了. 生活中的望远镜主要用于观景或观看体育比赛和表演；观察战场、研究地形、侦查敌情给望远镜在军事上的应用提供了极大的施展空间；天文爱好者也常用普通天文望远镜观察天体及其运动情况；大型天文望远镜则是人类探索天体运动和深空研究不可或缺的重要工具，世界各地有条件的国家都在投入巨资研究和建造大型天文望远镜.

以可见光为主要工作波段的望远镜为光学望远镜. 按照光学器件组合方式的不同主要分为折射式望远镜、反射式望远镜、折反射式望远镜三种基本形式，下面将

简要介绍折射式和反射式两种望远镜.

1）折射式望远镜（refracting telescope）

和显微镜类似，折射式望远镜的主要光学元件也是用两块凸透镜作为物镜和目镜，但和显微镜的成像明显不同. 首先，望远镜的物镜使来自无限远处物体的平行光成像于物镜的像方焦点的位置，然后再由目镜将像放大以增大视角达到看清楚远处物体的目的. 其次，对显微镜而言物镜的像方焦点和目镜物方焦点间有很大的距离，而望远镜两者是重合的，因此无限远处的物体通过望远镜所生成的像仍然在无限远的地方，但视角显著增大，仿佛把遥远的物体“拉近”了. 再者，为获得大的放大率和光通量，望远镜的物镜直径都做得较大，焦距较长，目镜就是一个放大镜，直径较小，其焦距也较小. 折射式望远镜的基本成像原理可简化为图 1-31 所示的光路图.

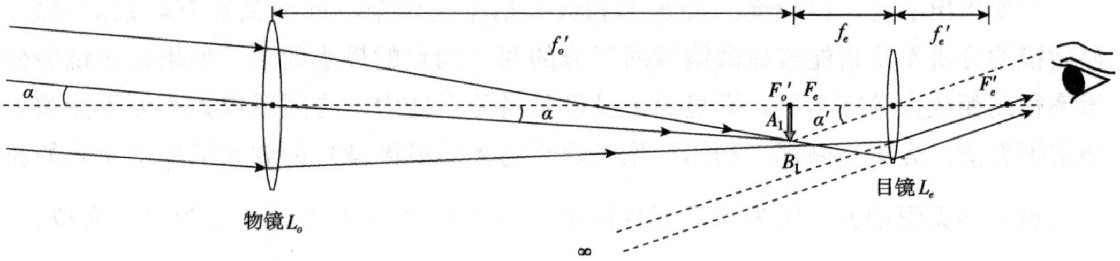

图 1-31　折射式望远镜成像原理的光路图

由图可知，眼睛对无限远处物体的视角为 $\alpha=\dfrac{A_1B_1}{f_o}$，经过望远镜后形成的虚像的视角增大为 $\alpha'=\dfrac{A_1B_1}{f_e}$，则望远镜的角放大率为

$$M=\frac{\alpha'}{\alpha}=\frac{f_o}{f_e} \tag{1-33}$$

即折射式望远镜的放大率等于物镜的焦距除以目镜的焦距.

正如上图那样，物镜和目镜都是凸透镜的望远镜称为开普勒望远镜. 运用这种望远镜看到的场景和物体是倒立的，用来观察天体影响不大，但用于其他方面时和人的视物习惯却大不一样，比如战场上或剧场中的观察就很不相宜. 因凹透镜会使光线发散，伽利略望远镜用凹透镜当目镜较好地克服了以上不足. 1609 年意大利著名物理学家、天文学家伽利略受荷兰眼镜商磨制小望远镜的启发研制了人类历史上第一架天文望远镜，成为人类第一个将望远镜指向天空并取得大量成果的人，他看到前人不曾也难以想象的天景，并打开了近代天文学的大门. 图 1-32 给出了伽利略望远镜成像的基本原理.

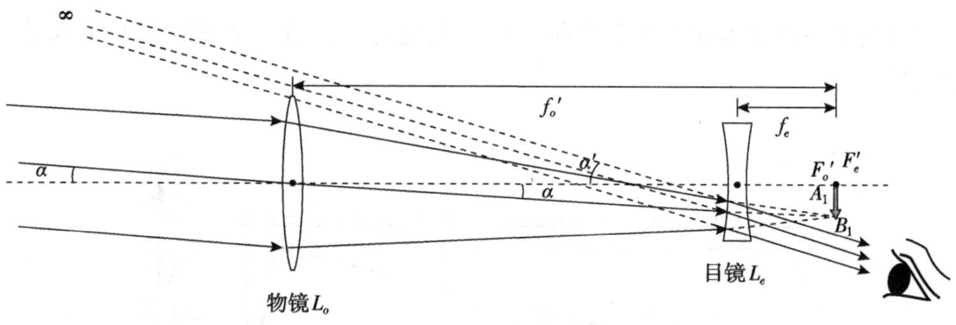

图 1-32 伽利略望远镜成像原理的光路图

使用折射式望远镜存在一些限制. 主要表现为：第一，因为色散的原因折射式望远镜会产生色差；第二，物镜必须由一整块玻璃磨制，要磨制大口径物镜非常困难，并且要把它支撑起来也并非易事，物镜越大，越难支撑（因要让光线透过物镜故只能在其边缘进行支撑）；第三，要获得大口径望远镜就要增长镜筒长度，带来不易安放和操作的弊端，加长镜筒以后导致望远镜自身重量非常巨大，进而由于望远镜的自重造成变形而带来的系统误差难以消除，也限制了做大折射望远镜的空间；第四，因观测需要往往要在目镜附近安装配套仪器（如记录仪），这样又会给望远镜造成一个很大的力矩（目镜离望远镜重心较远，力臂较大，安装在目镜附近的仪器产生的力矩也较大），从而限制了拓展观测设备的范围.

从现实发展情况来看，世界上最大的折射望远镜的物镜也只有 1m 左右，是美国马塞诸塞州一对天文爱好狂热的画家克拉克父子研制的里克望远镜（1886 年建，口径 91cm）和叶凯士望远镜（1897 年建，口径 102cm）.

2）反射式望远镜（Reflecting Telescope）

折射望远镜的诸多不足，大大限制了折射望远镜的发展空间. 为了克服这些不足，寻找做大望远镜的可能，大物理学家艾萨克·牛顿最先深入研究了这个问题，他用球形凹面反射镜做物镜和一面小的平面反射镜改变目镜位置研制出了世界上第一台反射式望远镜，很好地解决了色差问题，改变目镜的位置也避开了长镜筒带来的不便. 其后，法国天文学家洛冉·卡塞格林、美国天文学家乔治·威利斯·里奇和法国天文学家亨利·克莱琴等又进一步作了改进. 总的说来，反射式望远镜是使用曲面和平面的面镜组合来反射光线，并形成影像的光学望远镜，基本原理可以简化为图 1-33 所示的光路图. 主反射物镜是曲面镜，副反射物镜可以是曲面镜也可以是平面镜. 主反射物镜和副反射物镜将光线反射回后方（也可以反射到侧面，牛顿最先设计的反射望远镜就是将光线反射到侧面），并穿过主镜中心的洞孔，经目镜放大就能看到远处的物体. 这种折叠光学的设计缩短了镜筒的长度，减轻了望远镜重量，既节约了成本又便于操作和维护，世界上现有的大型天文望远镜几乎都是反射式望远镜.

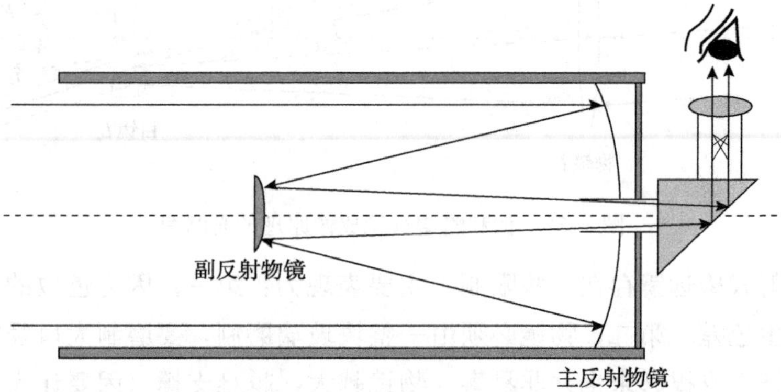

图 1-33　反射式望远镜成像原理的光路图

反射式望远镜的物镜虽然没有色差，但球面反射镜存在球面像差，而且焦距越长的球面反射镜对加工精度要求越高. 非球面的抛物面反射镜虽然在光轴中心不存在像差，但在光轴以外存在球差和彗差（光轴外的某一物点向镜头发出一束平行光线，经光学系统后，在像平面上会形成不对称的弥散光斑，形似彗星，这种因轴外光束引起的像差称为彗差），而且加工难度大，成本也高. 如果在曲面反射镜的基础上，再加入用于校正像差和彗差的折射元件，就可以避免大型非球面加工的困难，还能获得良好的成像质量，进而产生了集折射式望远镜和反射式望远镜优点于一身的折反射式望远镜. 这种巧妙的设计是由德国光学家瑞典裔爱沙尼亚人伯恩哈德·沃尔德马尔·施密特完成的，为了缅怀他的伟大功绩，人们将他设计的这种折反射式望远镜统称为施密特望远镜.

3）光学望远镜的几个重要参数

（1）物镜焦距、物镜口径、相对孔径. 物镜中心到物镜焦点的距离就是物镜焦距，用 f 表示. 物镜口径是望远镜聚光和分辨率的主要标志，通常指有效口径，即望远镜经过镜框限制后物镜所能接收到的最大光束的直径，又叫通光直径，用 D 表示. 望远镜的有效口径和物镜焦距的比值称为望远镜的相对孔径，用 A 表示，即 $A=\dfrac{D}{f}$.

（2）分辨角. 望远镜的分辨角是指刚好能够被望远镜分辨开的两个物点之间的

角度，用 δ 表示，$\delta=1.22\dfrac{\lambda}{D}$，$D$ 为望远镜物镜的有效口径，λ 为入射光的波长. 分辨角的大小标志着望远镜能看清物体细节的程度，分辨角越小，望远镜对物体细节能看得越清晰. 分辨角是反映望远镜品质的重要指标.

(3) 放大率. 望远镜的放大率是用目镜视角与物镜入射角之比来定义的，但通常用物镜焦距与目镜焦距之比进行计算，它表示景物被望远镜拉近的程度. 比如一具 10 倍放大倍数的望远镜，观察 1000 米处景物的效果和在 100 米处直接用肉眼观察该景物的效果是一样的.

(4) 视场角. 望远镜视场角是指能够被望远镜良好成像的区域的角度，也称为视场. 它和放大率成反比，放大率越大，视场角越小.

4. 照相机镜头

利用光学成像原理形成影像并使用底片或其他技术（如数码技术）记录影像的设备是照相机，照相机的结构形式和品种琳琅满目，但其成像原理都一样，就是薄凸透镜的成像原理. 照相机成像的主要部件是照相机镜头，尽管实际照相机镜头是由多片共轴的凸透镜和凹透镜组合而成的复合透镜组成的（图 1-34），但其成像原理都可以等效于一片凸透镜的成像效果. 采用复合透镜的作用是消除由透镜产生的球差和色差. 照相机镜头成像原理的光路图，如图 1-35 所示. 基本成像过程不再赘述，但要注意照相机拍摄的景物处于凸透镜两倍焦距之外，由凸透镜产生的像是倒立缩小的实像，处于凸透镜一倍焦距到两倍焦距之间的区域. 将底片设置在成像的区域，经过调焦曝光后底片上就记录下了照相机所拍摄的景物. 现代照相机是一种结合光学、精密机械、电子技术和化学等科学技术的复杂产品，至于有关照相机的光圈、快门、测距、景深、测光、输片、计数、自拍、对焦、变焦、电子传感器、电荷耦合元件等概念和技术不在本课程要求之列，感兴趣的朋友可查阅有关专门的资料和文献.

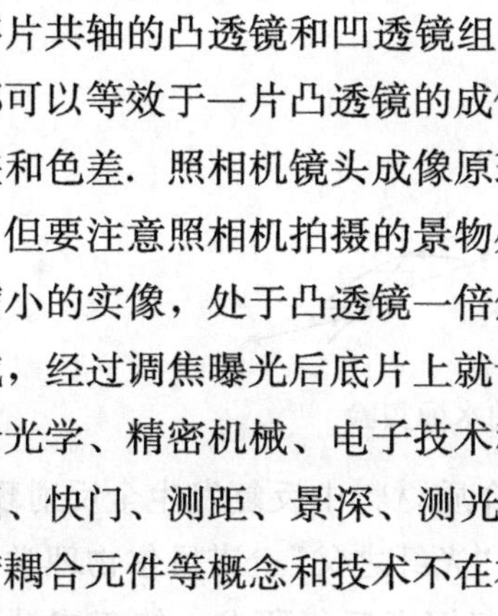

图 1-34　实际现代照相机镜头内部结构

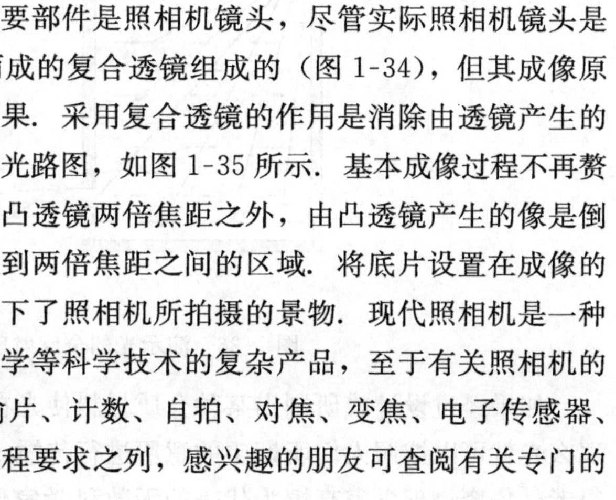

图 1-35　照相机镜头成像等效原理的光路图

B. 光导纤维、光纤通信

1. 光导纤维（optical fiber）

据说英国物理学家丁达尔曾做过一个演示光的全反射现象的简单实验：他在装满水的木桶上钻个孔，然后用灯从桶上方把水照亮，接着把小孔放开让水流出来，结果使人们大吃一惊．人们看到，本来沿直线传播的光，现在竟沿着弯曲的水流耀动，并没有穿出水流射向空气，而是被弯弯曲曲的水流俘获了（图 1-36）．事实上，光从光密介质（如水或玻璃）传入光疏介质（如空气）时，若入射角大于临界角就会发生光的全反射现象．丁达尔的演示实验中，光从水（折射率为 1.33）进入空气（折射率为 1.00）时在界面处发生了光的全反射现象．当光发生全反射现象时，光线仍然沿直线传播，全反射现象只是改变了光的传播方向．

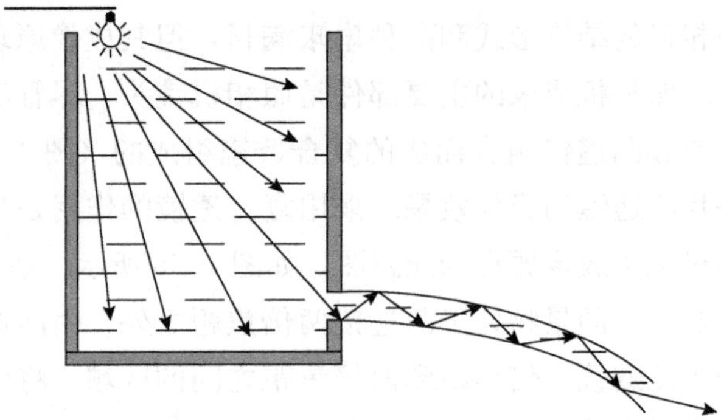

图 1-36　演示光的全反射现象的水桶实验

如果经过设计或研制出某种介质材料使光在该介质材料中反复发生全反射现象，那么光就可以按照人们所期望的意愿进行传播．以“光纤之父”、诺贝尔物理学奖获得者、华裔物理学家高锟为代表的无数科学家们勇于探索反复研发，终于成功研制出能够传输光信号的光导纤维．**光导纤维**是一种用玻璃或塑料做成按照光的全反射原理使光线能够在其中传播的纤维材料，简称**光纤**．简单的讲，光导纤维就是一种透明的玻璃纤维丝，这种纤维丝的直径只有几个微米到几十个微米，它由内芯和包层组成，内芯的折射率大于包层的折射率，光由一端进入，在内芯和包层的界面上经多次全反射后，从另一端射出（图 1-37）．光纤内芯和包层总的直径也只和头发的粗细相当，是一种非常轻便的传输材料．为了保护光导纤维，一般会在包层上加覆一层耐磨损强韧性的护套．

包含光纤的线缆称为光缆，用光缆代替通讯电缆，可以节省大量有色金属，每公里光缆可大约节省铜 1 吨、铅 2～3 吨．由于光缆有重量轻、体积小、结构紧凑、

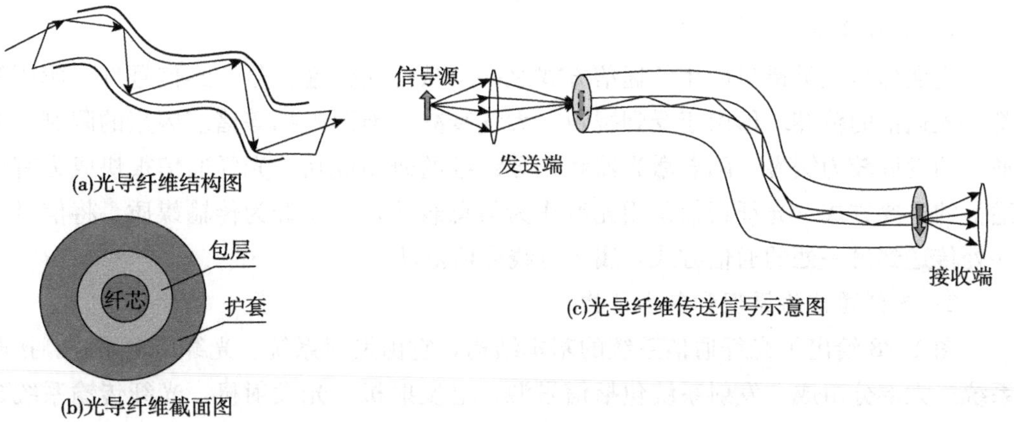

图 1-37 光导纤维结构及光导纤维传输信号图

绝缘性能好、寿命长、输送距离长、保密性好、成本低等优点，注定光缆终将代替电缆成为信息传送的主要传输载体.

根据不同的分类标准，光导纤维可以分为不同的类型. 比如按照材料组成成分来分类，光导纤维可分为玻璃光纤、塑料光纤、晶体光纤及液芯光纤；按照纤维结构来分类，可分为皮芯型和自聚焦型两类.

光导纤维的先天优势决定了它广阔的应用领域，比如通信、交通、医学、工业、国防、宇航、装饰照片、光能传送等领域都能发挥它的作用. 医学上，光导纤维可以用于医学内窥镜的主要光学组件，比如胃镜、直肠镜、膀胱镜、子宫镜、喉镜和血管镜等内窥镜，医生可以通过它直视器官内部的病理情况. 内窥镜一类的检测工具甚至已经用于日常生活中管道通畅与否的检测工作. 工业上，光导纤维可传输激光进行机械加工；可制成各种传感器用于测量压力、温度、流量、位移、颜色及产品缺陷等情况；光纤通信的一大优势是保密性高、不受干扰和无法窃听，这被广泛用于国防军事领域. 另外，还可以用光导纤维来制成光纤潜望镜，装备在潜艇、坦克、飞机上用于侦查敌情. 光导纤维柔软易弯曲，可以根据需要方便塑型，并且耗电少、传送稳定、光泽柔和、色彩广泛，是未来灯具制造的最佳选择，如果和太阳能的利用结合起来将会更加经济实惠；直接用光导纤维制成的装饰材料可以达到奇妙的装饰效果，别有异样的装饰视觉；对不易架设输电线路的易燃、易爆的场所光纤照明则是首选的安全照明. 利用光导纤维进行电力输送已经成为现实，在发送端将电能转换为激光，激光负载着能量沿光导纤维传送到目的地，再将激光转换为电能，从而实现电力输送并极大地减少了电力传输的损耗，而且因为光导纤维不带电所以安全性极高.

2. 光纤通信（Optical fiber communication）

1）光纤通信

光通信是人类最早应用的通信方式之一. 从烽火传递信号，到信号灯、旗语等都是光通信的范畴. 但由于受到视距、大气衰减、地形阻挡等诸多因素的限制，光通信的发展较为缓慢. 随着激光器和光导纤维的研制成功，光纤通信很快成为有线通信的主要方式. 光纤通信是用光波作为信息载体，以光纤为传输媒质，将信息从一处传送到另一处的通信方式，属于有线通信范畴.

2）光纤通信的原理和基本结构

图 1-38 给出了光纤通信系统的基本结构，它由发射系统、光纤传输系统、接收系统三大部分组成. 发射系统包括信号源、电发射机、光发射机，光纤传输系统含光纤和中继器，接收系统则由光接收机、电接收机和信息还原器三块构成. 光发射机利用光源、调制器、信道耦合器将电信号调制成光信号交给光纤，光纤肩负着传输光信号的职责. 随着传输线路的延长，会由于传输损耗而使信号强度衰减，同时光纤中的各种色散会导致信号波形失真，中继器则起再放大（re-amplifying）、再定时（re-timing）、再整形（re-shaping）的修复作用. 经过中继器修复后得到接近发射端的光信号，从而延长传输距离，确保信号质量. 光接收机是光发射机的逆过程，将接受到的光信号转换为电信号，最后由信息还原器还原得到信息的本来面目.

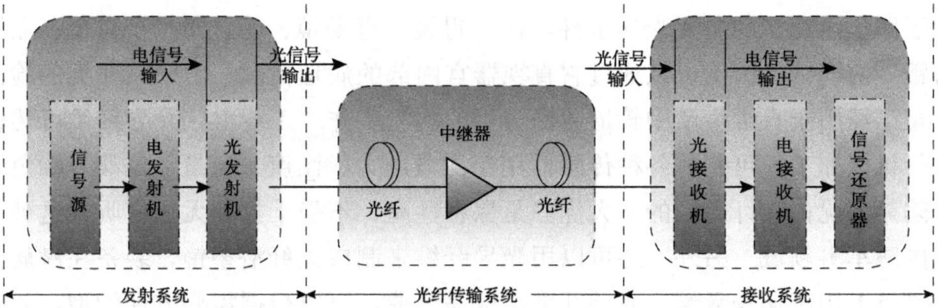

图 1-38　光纤通信原理和基本组成结构图

综上所述，光纤通信的基本原理是：由发射系统把要传送的信息（如语音、图像）转换成电信号，然后由光发射机将电信号调制成光信号，并通过光导纤维发送出去；在接收端，由光接收机将光信号转换为电信号，最后经解调后恢复为原信息实现通信的目的.

3）光纤通信的优势

光纤通信的优势主要表现为：频带宽，通信容量大；损耗低，中继距离长；抗电磁干扰无串音，保密性好；重量轻、柔软易塑；光纤的原材料资源丰富，用光纤可节约金属材料. 其不足之处是质地脆、机械强度低，连接比较困难，分路、耦合不方便，弯曲半径不宜太小等. 但这些缺点在技术上都是可以克服的，并不影响光纤通信的实用.

本章提要

1. 光源和光线

能够发光（包括可见光和不可见光）的物体称为光源. 表示光的能量传播方向的几何直线称为光线.

2. 几何光学的基本定律

（1）光沿直线传播定律：在各向同性的同种均匀介质中，光沿着直线传播；

（2）光的反射定律：当光发生反射现象时，入射光线、法线、反射光线都处于入射面内；入射光线和反射光线分别处于法线的两侧；反射角等于入射角，并且反射角随入射角的增大而增大，减小而减小；

（3）光的折射定律：当光产生折射现象时，折射光线和入射光线都处于入射面内，并分别处于法线的两侧；入射角的正弦值与折射角的正弦值满足公式 $n_1\sin\theta_1=n_2\sin\theta_2$.

3. 平面镜成像的特点

（1）物体在平面镜中形成正立等大的虚像，物和像关于镜面对称；

（2）物点和像点到镜面的距离相等，两点的连线垂直于镜面；

（3）物体和像的大小相等，上下不变，但左右相反.

4. 球面镜

对于近轴光线，凹面镜能会聚入射的平行光，会聚点为焦点. 凹面镜的焦距是其反射球面半径的一半. 凸面镜会发散入射的平行光，其焦点为虚的.

球面镜反射成像公式：$\frac{1}{s}+\frac{1}{s'}=\frac{1}{f}$.

利用三条特殊的光线可以用光路图法求解球面镜成像的问题.

单球面镜折射成像公式：$\frac{f'}{s'}+\frac{f}{s}=1$.

单球面折射成像的横向放大率：$m=\dfrac{ns'}{n's}$.

5. 薄透镜

对于近轴光线，薄凸透镜能会聚平行光，会聚点为焦点，薄凹透镜会发散平行光. 一个透镜的两侧各有一个焦点，分别称为物方焦点和像方焦点. 透镜两侧的介质相同时，它两侧的焦距相等.

透镜两侧介质的折射率为 n_0，透镜的折射率为 n，透镜两表面的半径分别为 r_1 和 r_2，则

透镜的物方焦距由下式决定：$\dfrac{1}{f}=-\dfrac{n-n_0}{n_0}\left(\dfrac{1}{r_2}-\dfrac{1}{r_1}\right)$；

透镜的像方焦距由下式决定：$\dfrac{1}{f'}=\dfrac{n-n_0}{n_0}\left(\dfrac{1}{r_2}-\dfrac{1}{r_1}\right)$；

薄透镜的成像公式，又叫磨镜者公式：$\dfrac{f}{s}+\dfrac{f'}{s'}=1$；

薄透镜的横向放大率为：$m=\dfrac{s'}{s}$.

习　　题

一、思考题

1. 光是一种电磁波，应该用波动性来描述光的性质，但在什么样的条件下可以忽略光的波动性，而认为光是沿直线传播的？

2. 试分析从空气中看水中的物体和从水中看空气中的物体的不同之处？

3. 某人身高 1.8m、要想从镜子中看到全身像，他应买一个多少米长的穿衣镜？穿衣镜上端需要挂在多高的位置？穿衣镜的长度和挂的高度与人离穿衣镜的距离有关系吗？

4. 渔民在叉鱼时，为了能叉到鱼，应使鱼叉对准鱼的上方还是下方？为什么？

5. 凹面镜和凹透镜的成像有什么区别？

6. 汽车车门上的后视镜和山区公路急转弯处外侧立的拐角镜都是凸面镜. 用这种球面镜比用平面镜有什么好处？在后视镜中看到的后面的车到你的车的距离比实际距离是大还是小？

二、选择题

1. 下列不是光源的物体为　　（　　）

A. 太阳　B. 月亮　C. 萤火虫　D. 火焰

2. 下列现象中，不能说明光沿直线传播的是 ( )

A. 立竿见影　B. 小孔成像

C. 日食、月食　D. 岸边的树在湖面中的倒影

3. 太阳光照射到一很小的正方形小孔上，则在地面上产生的光点的形状是 ( )

A. 圆形的　B. 正方形的　C. 长方形的　D. 不规则的

4. 夜晚，当你沿着街道走近街灯，再从街道下走远，则你的影子长度变化是 ( )

A. 一直变长　B. 一直变短　C. 先变长后变短　D. 先变短后变长

5. 关于光的反射定律的适用范围，正确的说法是 ( )

A. 光的反射定律不适用于垂直入射的情况

B. 漫反射不遵守光的反射定律

C. 光的反射定律适用于所有光的反射现象

D. 光的反射定律只适用于镜面反射

6. 甲从一面镜子中能看见乙的眼睛，那么乙从这面镜子中 ( )

A. 一定能看见甲的眼睛

B. 一定不能看见甲的眼睛

C. 可能看到，也可能看不到甲的眼睛

D. 镜子的位置不同，结果也不同

7. 小明站在竖直放置的平面镜前 5m 处，沿着垂直于平面镜的方向前进了 2m，此时他在镜中的像与他本人的距离为 ( )

A. 2m　B. 3m　C. 5m　D. 6m

8. 某同学从远处走向一面镜子，他在镜中像的大小及像和人之间的距离正确的是 ( )

A. 像变大，像和人之间的距离变大

B. 像大小不变，像和人之间的距离变小

C. 像变大，像和人之间的距离变小

D. 像大小不变，像和人之间的距离不变

9. 光从真空射入到一块平的透明材料上，若入射角是 40°，则反射光线和折射光线之间的夹角可能是 ( )

A. 小于 40°　B. 在 40°到 100°之间

C. 在 100°到 140°之间　D. 大于 140°

10. 红、黄、绿三种单色光以相同的入射角从水中射向空气，若黄色光恰好能产生全反射现象，则 ( )

A. 绿光也一定能发生全反射　　B. 红光也一定能发生全反射

C. 红、绿光都能发生全反射　　D. 红、绿光都不能发生全反射

11. 下列说法中正确的是 ( )

A. 太阳灶用的是凹透镜

B. 汽车车头的前灯灯内使用的反射镜是凸面镜

C. 近视眼所戴的眼镜是凸透镜

D. 耳科医生检查耳道时使用的额镜是凹面镜

12. 透镜在我们的生活、学习中应用广泛，下列说法正确的是 ( )

A. 照相时，被照者应站在镜头二倍焦距以内

B. 近视眼镜利用了凹透镜对光的发散作用

C. 显微镜的目镜成正立、缩小的虚像

D. 借助放大镜看地图时，地图到放大镜的距离应大于一倍焦距

13. 对于近视眼患者而言，远处物体经过眼睛后成像的位置和相应的矫正方式是 ( )

A. 像成在视网膜的前方，需佩戴凹透镜矫正

B. 像成在视网膜的前方，需佩戴凸透镜矫正

C. 像成在视网膜的后方，需佩戴凸透镜矫正

D. 像成在视网膜的后方，需佩戴凹透镜矫正

14. 离凸透镜 30 厘米的光屏上得到一个清晰的烛焰像，则该凸透镜的焦距可能为 ( )

A. 20 厘米　　B. 30 厘米　　C. 40 厘米　　D. 50 厘米

15. 望远镜的物镜和目镜都是由凸透镜组成的，它的成像情况是 ( )

A. 远处物体通过物镜成倒立放大的实像，再经过目镜成倒立缩小的实像

B. 远处物体通过物镜成正立放大的虚像，再经过目镜成倒立放大的实像

C. 远处物体通过物镜成倒立缩小的实像，再经过目镜成正立放大的虚像

D. 远处物体通过物镜成正立放大的虚像，再经过目镜成正立放大的虚像

三、填空题

1. 一个人面向南方站在阳光下，发现自己的影子在身体的右侧，说明此时是________（填“早晨”、“中午”或“下午”）.

2. 排队时，如果看到自己前面一位同学挡住了前面所有的人，队就排直了，这可以用____________________来解释.

3. 光在__________中沿直线传播，物理学中用一条带箭头的直线表示光的传播路径，这种带箭头的直线称为________.

4. 当光在均匀介质中传播而遇到两种均匀介质的分界面时，会同时产生______现象，和______现象.

5. 光从空气斜射入玻璃中时，折射光线将向______方向偏折. 由于光的折射，我们从水面上方看水中的物体，会感到物体的位置比实际位置______（填“高”或“低”）一些.

6. 只有光从______介质入射到______介质的分界面上时，才可能产生光的全反射现象.

7. 物体经平面镜反射后所成的像是物体的“完善”的______（填“实像”或“虚像”）.

8. 一束光线与水面成36°角入射到某介质上，其反射光线跟折射光线垂直，则反射角是______，折射角是______.

9. 光从空气以45°的入射角射向某介质时，折射角是30°，则光从该介质进入空气时，产生全反射现象的临界角为______.

10. 光导纤维是一种用玻璃或塑料做成按照光的______原理使光线能够在其中传播的纤维材料.

11. 设置在道路拐角处的拐角镜都是采用凸面镜，其作用是____________.

12. 安装在汽车车门上后视镜是______镜，而汽车车头灯是则利用______镜来反射光.

13. 显微镜的物镜是一个凸透镜，目的是得到一个放大的______像，它的目镜也是一个凸透镜，目的是得到一个放大的______（选填“虚”或“实”）像.

14. 透过球形的透明玻璃鱼缸看水中的鱼要比真实的鱼______（填“大”或“小”），其原因是装水的球形鱼缸相当于一个______镜，所看到的“鱼”是鱼的______（填“实”或“虚”）像.

15. 中间______边缘______的透镜叫凹透镜，它对光有______作用. 凸透镜能使平行于主光轴的光线会聚在一点，这点叫做______，这点到光心的距离叫做______.

四、计算题

1. 在太阳光照射下，电线杆的影长 2.1m，身高是 1.65m 的某同学的影长是 0.55 米，问电线杆的高度是多少？

2. 一束平行光与水平面成45°角，为了使这束平行光沿水平方向射出，则所用的平面镜跟水平面所成的角度可能是多少？

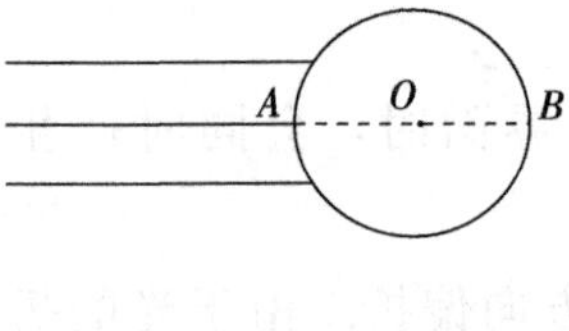

图 1-39　题 3 图

3. 如图 1-39 所示，一束平行光沿 AB 方向射向一个折射率为$\sqrt{3}$的透明圆柱体，圆柱体横截面半径为 $R=20\text{cm}$. 试求：(1) 光在圆柱体中的传播速度；(2) 距离直线 AB 多远的入射光线，折射后刚好经过 B 点.

4. 光纤玻璃芯和包层的折射率分别为 n_1 和 n_2，且 $n_1>n_2$，光纤外的介质的折射率为 n_0. 证明：能使光线在光纤中发生全反射的入射光束的最大孔径角 θ 满足：$n_0\sin\theta=\sqrt{n_1^2-n_2^2}$，其中 $n_0\sin\theta$ 称为光纤的数值孔径.

5. 在半径为 40cm 的球形凹面镜前距离镜面 30cm 和 15cm 处放置一蜡烛，分别求蜡烛的像的位置和像的正倒、虚实，以及横向放大率，并画出成像光路图.

6. 一个半径为 R 的薄壁玻璃球盛满水，若把一物体放置于离其表面 $3R$ 处，求最后的像的位置. 忽略玻璃壁的影响，水的折射率是 1.33.

7. 两个相距 40cm 的薄透镜 L_1 和 L_2，其焦距分别为 $f'_1=15\text{cm}$，$f'_2=-10\text{cm}$，现将一物体放置在 L_1 前 30cm 处，则得到像的位置在何处？

8. 焦距为 10cm 的一个薄透镜 L_1 放在空气中，长度为 1cm 的实物 AB 正立在透镜左方 15cm 处.(1) 求实物经过 L_1 后成像的位置、虚实、正倒和大小；(2) 今有焦距都为 12cm 的一个凸透镜和一个凹透镜，问要选择哪个透镜把它放在 L_1 右方的什么距离处，才能使物体经过 L_1 和第二个透镜后获得为原物 12 倍的倒立的实像？

9. 一架物镜和目镜都是薄透镜的显微镜，物镜焦距为 7mm，目镜焦距为 5mm，两镜相距 20cm. 求：(1) 被观察物要放在距离物镜多远处才能通过显微镜清晰地观察物体；(2) 物镜的横向放大率；(3) 显微镜的放大率.

10. 一架放大倍数是 8 倍的小型天文望远镜，物镜和目镜相距 90cm，则物镜和目镜的焦距分别是多少？

第二章　光的干涉

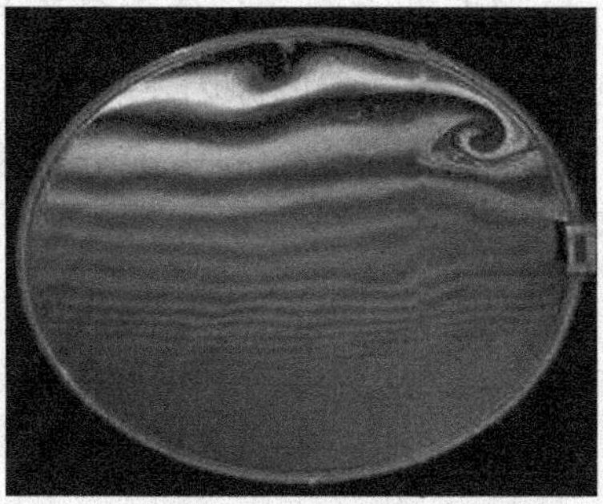

肥皂膜上的干涉条纹

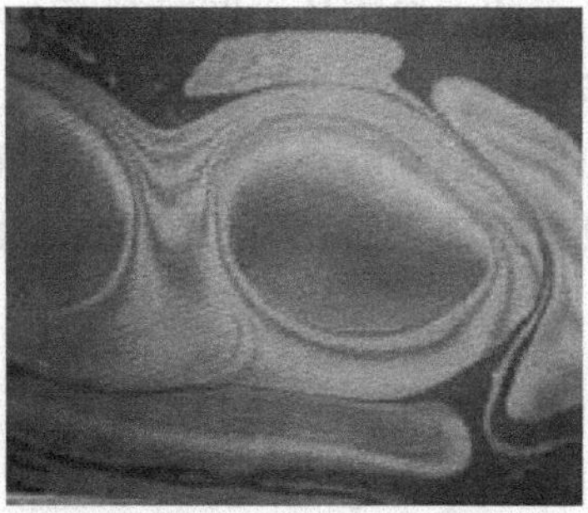

油膜的干涉条纹

在日常生活中，我们无需借助特殊的实验装置也可以观察到光的干涉现象. 空气中的肥皂膜或浮于平静水面上的油膜在阳光下会呈现出一些彩色花纹，相机的镜头总是呈蓝紫色且略带一点红，光盘上常出现彩纹等，以及许多昆虫和鸟类的翅膀上都可以看到色彩斑斓的花纹，这些花纹就是阳光在膜的上下表面反射后形成的两束相干光相互叠加而成的干涉条纹.

§2.1　相干光　光的相干性

2.1.1　相干光

1. 普通光源的发光机理

所谓普通光源是相对激光而言的，比如白炽灯、钠光灯、太阳等就是普通光源.

一般而言，普通光源发光的机理是处于激发态的原子（或分子）的自发辐射，即光源中的原子吸收了外界能量而处于激发态. 这些激发态是极不稳定的，电子在激发态上存在的时间平均只有 $10^{-11}\sim10^{-8}$ s. 这样，原子就会自发地回到低激发态或基态. 在这个过程中，原子向外发射电磁波，每个原子的发光是间歇的. 一个原子经一次发光后，只有在重新获得足够能量后才会再次发光. 每次发光的持续时间极短，约为 10^{-8} s. 由此可见原子发射的光波是一段频率一定、振动方向一定、有限长的光波，通常称为**光波列**.

在普通光源中，各个原子的激发和辐射参差不齐，而且彼此之间没有联系，是一种随机过程，因而不同原子在同一时刻所发出的波列在频率、振动方向和相位上各自独立. 同一原子在不同时刻所发出的波列之间振动方向和相位也各不相同，频率也可能不同. 这就是日常生活中不易观察到光的干涉现象的原因.

我们所观察到的光看起来是连续的光波，实际上是由大量原子或分子发射的许许多多彼此完全独立的有限长波列组成的，如图 2-1 所示.

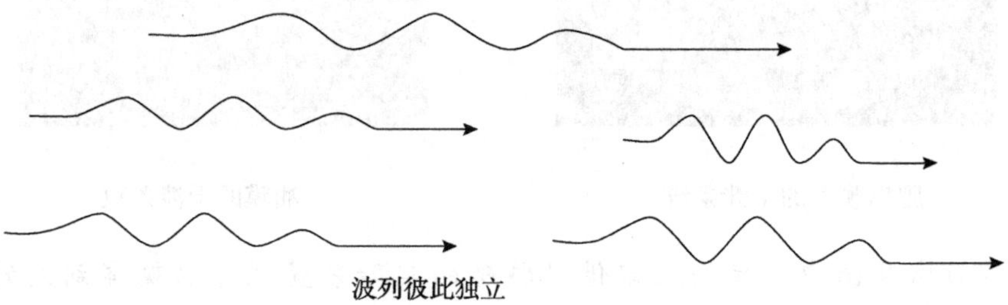

图 2-1　光波列示意图

2. 相干光源

在讨论机械波时，我们已给出了波干涉的定义，即当两列波同时在空间传播时，在两波交叠的区域内某些地方振动始终加强，而另一些地方振动始终减弱的现象. 光是电磁波，因此光的干涉定义与之完全相同. 能产生干涉现象的光叫相干光，但并不是任何两列光波在空间相遇时都能产生干涉，产生干涉是有条件的，即干涉是特殊条件下的叠加.

光的相干条件如下：

(1) 振动频率相同；

(2) 振动方向相同（或存在相互平行的振动分量）；

(3) 具有恒定的相位差.

若两束光的光矢量满足相干条件，则它们是相干光，相应的光源叫**相干光源**.

2.1.2　光的相干性

1. 获得相干光的方法

如何获得两束相干光呢？通常获得相干光的方法有**分波阵面法**和**分振幅法**. 从同一波阵面上取出两部分作为相干光源，即用分光束获得相干光的方法叫做分波阵面法，例如杨氏双缝实验就用了这种方法；而分振幅法则是利用反射或折射等方法将一普通光源上同一点发出的光波列“一分为二”，沿不同路径传播后再相遇. 这时，原来的每一个光波列都分成了频率相同、振动方向相同、相位差恒定的两部分，成为相干光，当它们相遇时，就能产生干涉. 如薄膜干涉用的就是分振幅法.

2. 相干光的干涉

光波是电磁波. 在光波中，产生感光作用与生理作用的主要是电场强度 $\boldsymbol{E}$. 因此，一般将 $\boldsymbol{E}$ 矢量称为**光矢量**.

如图 2-2 所示，光振幅为 E_1、E_2 的两束相干光在空间叠加，由光的干涉理论可得，叠加后任一点 P 的合振幅为

$$E=\sqrt{E_1^2+E_2^2+2E_1E_2\cos\left(\phi_{20}-\phi_{10}-2\pi\frac{r_2-r_1}{\lambda}\right)} \tag{2-1}$$

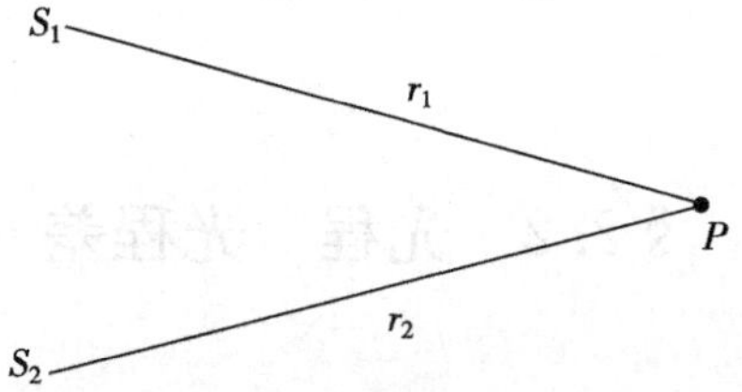

图 2-2　两列相干光叠加

在波动光学中，主要讨论的是光波所到之处的相对光强. 由于光强（平均能流密度）$I\propto E^2$，因此可直接把光强表示为 $I=E^2$，所以由上式得

$$I=I_1+I_2+2\sqrt{I_1I_2}\cos\left(\phi_{20}-\phi_{10}-2\pi\frac{r_2-r_1}{\lambda}\right) \tag{2-2}$$

I_1、I_2 分别为两束相干光的强度，I 为叠加后的强度. 可见，两束相干光叠加后，空间各点的光强取决于两束光波在该点的相位差：

$$\Delta\phi=\phi_{20}-\phi_{10}-2\pi\frac{r_2-r_1}{\lambda} \tag{2-3}$$

$$
\text{当 } \Delta\phi=\begin{cases}\pm 2k\pi,\ (k=0,\ 1,\ 2\cdots)\ \text{光强最大},\ I_{\max}=I_1+I_2+2\sqrt{I_1 I_2}\ \text{干涉相长};\\ \pm(2k+1)\pi,\ (k=0,\ 1,\ 2\cdots)\ \text{光强最小},\ I_{\min}=I_1+I_2-2\sqrt{I_1 I_2}\ \text{干涉相消}.\end{cases} \tag{2-4}
$$

其他位置的光强介于两者之间，即 $I_{\min}<I<I_{\max}$. P 点的光强分布曲线如图 2-3 所示.

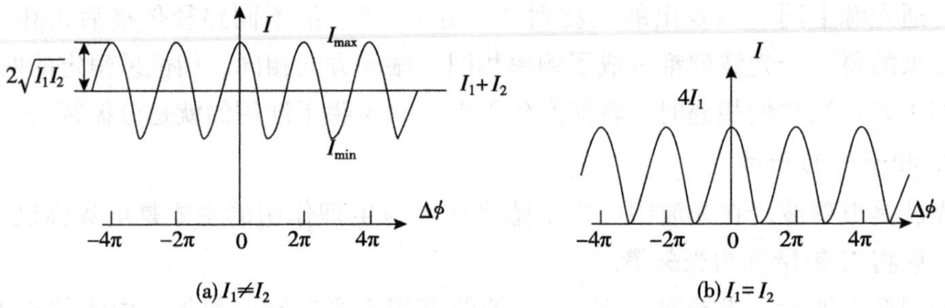

图 2-3　两相干光在相遇点的光强随相位差的分布曲线

如果两束相干光的光强相等，则干涉后

$$I_{\max}=4I_0, I_{\min}=0$$

§2.2　光程　光程差

2.2.1　光程

光程

光程：介质的折射率 n 与光波在该介质中所通过的距离 r 的乘积，用 L 表示；即光程 $L=nr$. 光通过多种介质时，光程为$\sum n_i r_i$.

光程是一个**折合量**，在相位改变相同的条件下，把光在介质中传播的路程折合为光在真空中传播的相应路程. 设光在真空中传播的速度为 c，频率为 ν，波长为 λ，在介质中传播的速度为 $V=c/n$；因此，光在介质中的波长为：

$$\lambda'=\frac{V}{\nu}=\frac{c/n}{\nu}=\frac{\lambda}{n} \tag{2-5}$$

即介质中波长是真空中波长的$\frac{1}{n}$倍.

2.2.2　光程差

1. 光程差

两束初相相同的相干光，在真空中传播时，到空间某观察点相遇，其波程差为$\Delta r = r_2 - r_1$，到达观察点时两束光的**相位差**为

$$\Delta\phi = 2\pi\frac{\Delta r}{\lambda} \tag{2-6}$$

如果两束光在折射率为n的介质中传播，它们到达观察点的相位差为

$$\Delta\phi = 2\pi\frac{\Delta r}{\lambda'} = 2\pi\frac{n\Delta r}{\lambda} \tag{2-7}$$

由此可见，两束光在真空中传播时，它们到某点的相位差决定于波程差Δr；而两束光在介质中传播时，它们到某点的相位差决定于波程差Δr与介质折射率n的乘积，这里$n\Delta r$称为这两束光的**光程差**．普遍情况下，我们用δ表示两束光光程之差．如图2-4所示．

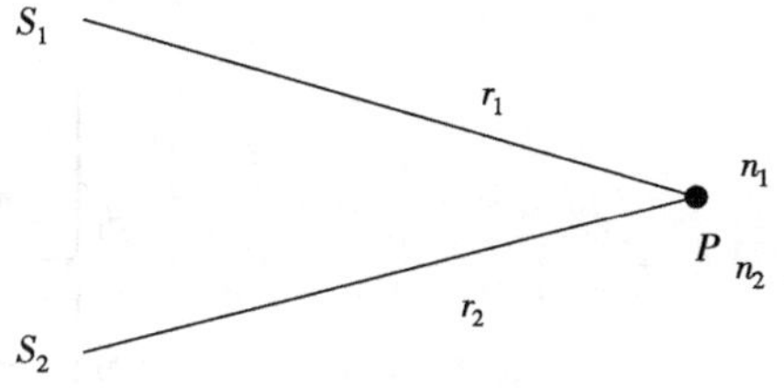

图2-4　光程差示意图

$$\delta = L_2 - L_1 = n_2 r_2 - n_1 r_1 \tag{2-8}$$

许多干涉装置都满足两束相干光初相相等的条件，因此相位差及干涉明、暗点的位置都决定于光程差δ

$$\Delta\phi = \frac{2\pi}{\lambda}\delta \xrightarrow{\text{干涉明暗点位置}} \delta = \begin{cases} \pm(2k)\lambda/2(k=0,1,2,\cdots) & \text{明纹} \\ \pm(2k+1)\lambda/2(k=0,1,2,\cdots) & \text{暗纹} \end{cases} \tag{2-9}$$

2. 薄透镜不引起附加光程差

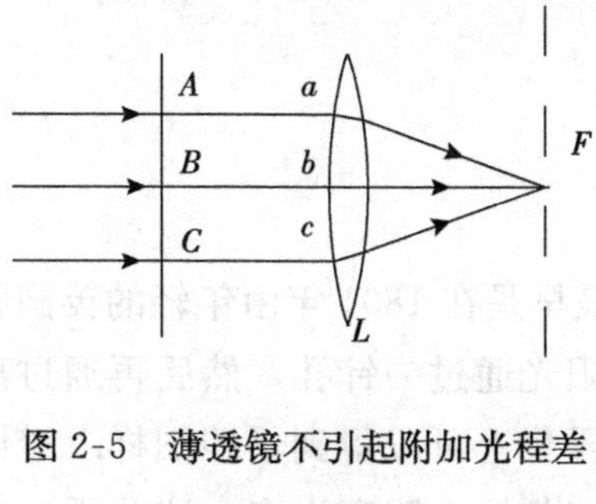

图2-5　薄透镜不引起附加光程差

在此简单说明光波通过薄透镜传播时的光程情况．以后讲干涉、折射现象等都用透镜来观察．当光波的波阵面（如图2-5）ABC与某一光轴垂直时，平行于该光轴的近轴光线通过薄透镜L会聚于一点F，并在这点互相加强产生亮点．这些光线在F点互相加强表明它们位相相同．因为在ABC面上各光线相位是相同的，所以可知光线经过L没产生**附加光程差**，只是改变了光线方向．对于厚透镜可产生球差，彗差等．

例 2-1　在相同时间内，一束波长为λ的单色光在空气中和玻璃中传播的距离相同吗？走过的光程相同吗？

解　空气中传播的距离　$r = c\Delta t$；

玻璃中传播的距离 $r_n = v\Delta t = \frac{c}{n}\Delta t$ ；

显然，光在空气中和玻璃中传播的距离不相同.

空气中传播的光程 $\delta = r = c\Delta t$；

玻璃中传播的光程 $\delta_n = nr_n = c\Delta t$.

由此说明，光在空气中和玻璃中的光程是相同的，因为折算为光在真空中的路程后肯定是相同的.

例 2-2　如图 2-6 计算 P 点的光程差.

解　$L_2 = r_2 - d_2 + n_2 d_2$　　$L_1 = r_1 - d_1 + n_1 d_1$

$\delta = L_2 - L_1 = r_2 - r_1 + [(n_2 - 1)d_2 - (n_1 - 1)d_1]$

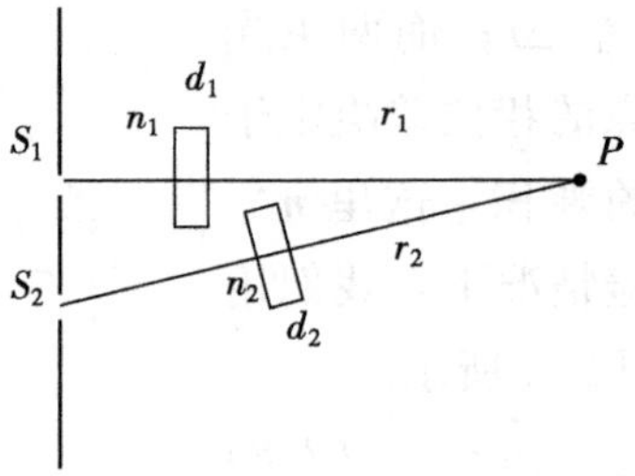

图 2-6　例 2-2 题用图

§2.3　光 的 干 涉

2.3.1　杨氏双缝干涉

1. 杨氏双缝干涉实验

将一束光分为两束，从而产生干涉的巧妙构思最早是在 1801 年由年轻的英国物理学家杨氏（T. Young）提出并实现的. 他先让太阳光通过一针孔，然后再通过离这针孔一段距离的两个针孔，最终在两针孔后面的屏幕上可以得到干涉图样. 继而发现，如果用相互平行的狭缝代替针孔，得到的干涉条纹会明亮许多. 这些干涉实验统称为**杨氏实验**. 杨氏干涉实验的成功，证实了光具有波动性，为光的波动理论确定了实验基础.

如图 2-7（a）所示，在单色平行光的前方放有一狭缝 S，在 S 前又放有两条狭缝 S_1 和 S_2，均与 S 平行且等距. 这时 S_1 和 S_2 构成一对相干光源. 从 S 出发的光波波振

面到达 S_1 和 S_2 处，再从 S_1 和 S_2 发出的光就是从同一波振面分出的两束相干光. 它们在空间叠加，将发生干涉现象. 这是采用分波振面法得到相干光束的. 如果在 S_1 和 S_2 前放一屏幕 EE'，屏幕上将出现一系列稳定的明暗相间的条纹，称为干涉条纹. 如图 2-7（b）所示，这些条纹都与狭缝平行，条纹间的距离彼此相等.

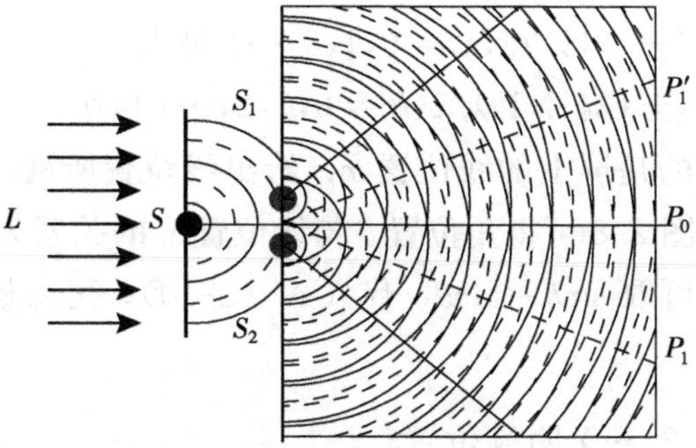

(a)双缝干涉

(b)双缝干涉条纹

图 2-7　杨氏双缝干涉实验

杨氏利用惠更斯原理解释了这一现象，S_1 和 S_2 位于 S 所发出的光波的球形波阵面上，并将该波阵面分割出两个很小的部分，由于球形波阵面上的任一小部分均可视为新的光源，而且同一波阵面上的各部分有相同的相位，所以这两个被分割出来的波阵面可作为初相位相同的相干光源. 无论光源 S 的相位改变多么频繁，这两个次波波源的相位差都恒定不变. 所以在两个狭缝发出的光波相遇的区域就会得到光波的干涉图样.

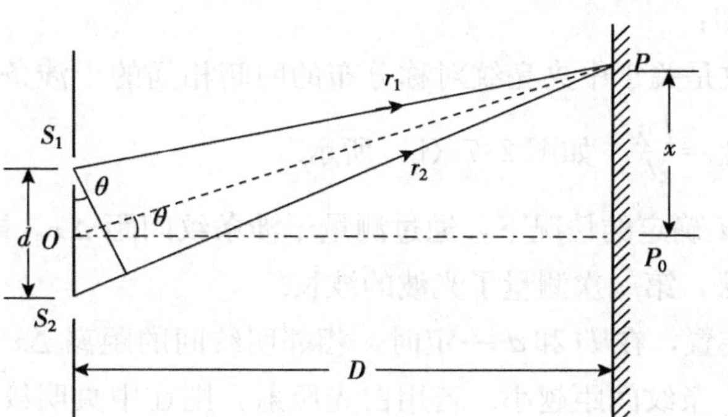

图 2-8　杨氏双缝的计算

下面我们来确定屏幕上干涉条纹的分布规律. 如图 2-8 所示，设相干光源 S_1 和 S_2 之间的距离为 d，到屏幕的距离为 D，在屏上出现干涉条纹的区域内，观察任意

一点 P，它距屏中心 P_0 的距离为 x ，P 到 S_1 和 S_2 的距离分别为 r_1 和 r_2，S_1S_2 的中垂线 OP_0 与 OP 的夹角 θ，称为 P 点的角位置. 考虑到 $D >> d$ ，PO、PS_1、PS_2 可看作近似平行，则 S_1 和 S_2 到达 P 点的光程差为

$$\delta = r_2 - r_1 \approx d\sin\theta$$

P 点光强为极大、极小的条件为

$$\delta = d\sin\theta = \begin{cases} \pm(2k)\lambda/2(k=0,1,2,\cdots) \text{ 极大} \\ \pm(2k+1)\lambda/2(k=0,1,2,\cdots) \text{ 极小} \end{cases} \tag{2-10}$$

我们可直接观察和测量到的是屏上的线位置 x，给出线位置所满足的关系，会使这一公式用起来更方便. 由图 2-8 可得角位置 θ 与线位置 x 的关系为 $\tan\theta = x/D$，实际可观察到的角范围很小，可取 $\sin\theta = \tan\theta$，代入式（2-10），可得杨氏双缝干涉明暗条纹满足的条件为

$$x = \begin{cases} \pm k\dfrac{D}{d}\lambda(k=0,1,2,\cdots) \text{ 明纹位置} \\ \pm(2k+1)\dfrac{D}{d}\dfrac{\lambda}{2}(k=0,1,2,\cdots) \text{ 暗纹位置} \end{cases} \quad \left(\sin\theta \approx \tan\theta = \frac{x}{D}\right) \tag{2-11}$$

对应 $k=0$ 的明条纹，出现在屏幕中央处，称为中央明条纹. 其他与 $k=1$，2，…相对应的明条纹分别称为第一级明条纹、第二级明条纹、…，x 可取正负，表明各级明条纹对称的分布在中央明纹的两侧. 同明条纹相似，暗条纹也是对称分布的.

任意相邻明纹（或暗纹）中心之间的距离 Δx，称为条纹间距.

$$\text{条纹间距 } \Delta x = x_{k+1} - x_k = \frac{D}{d}\lambda \tag{2-12}$$

由此分析可知：

(1) 干涉条纹是关于中央亮纹对称分布的明暗相间的干涉条纹. 即相邻明纹间距=相邻暗纹间距$=\dfrac{D\lambda}{d}$. 如图 2-7（b）所示.

(2) 在 D 和 d 确定的情况下，通过测量干涉条纹间距 Δx，即可测量光波波长. 杨氏就是通过此法，第一次测量了光波的波长.

(3) 对给定装置，在 D 和 d 一定时，相邻明纹间的距离 Δx 与入射光的波长成正比，波长越小，条纹间距越小. 若用白光照射，则在中央明纹（白色）的两侧将出现彩色条纹. 同一级条纹中，波长小的离中央明纹近，波长长的离中央明纹远. 即颜色的排列以中央明条纹（白色）为中心由紫到红左右对称排开.

(4) 杨氏干涉属于分波阵面法干涉. 杨氏双缝干涉的光强分布曲线见图 2-3（b）.

2. 缝宽对干涉条纹的影响　空间相干性

在双缝干涉实验中，如果逐渐增加光源狭缝 S 的宽度，则屏幕 EE' 上的条纹就会变得逐渐模糊起来，最后干涉条纹完全消失. 这是因为 S 内包含的各小部分 S'、S'' 等（见图 2-9）是非相干波源，它们互不相干；且 S' 发出的光与 S'' 发出的光通过双缝到达点 p 的波程差并不相等，即 S'、S'' 发出的光将各自满足不同的干涉条件. 比如，当 S' 发出的光经过双缝后恰在点 p 形成干涉极大的光强时，S'' 发出的光可能在 p 点形成干涉极小的光强. 由于 S'、S'' 是非相干光源，它们在点 p 形成的合光强只是上述结果的简单相加，即非相干叠加. 所以，缝 S 愈宽，所包含的非相干子波波源愈多，合光强的分布就愈偏离图 2-3（b）. 结果是最暗的光强不为零，使最暗和最亮的差别缩小，从而造成干涉条纹的模糊甚至消失. 只有当光源 S 的线度较小时，才能获得较清楚的干涉条纹. 这种特性称为光场的空间相干性.

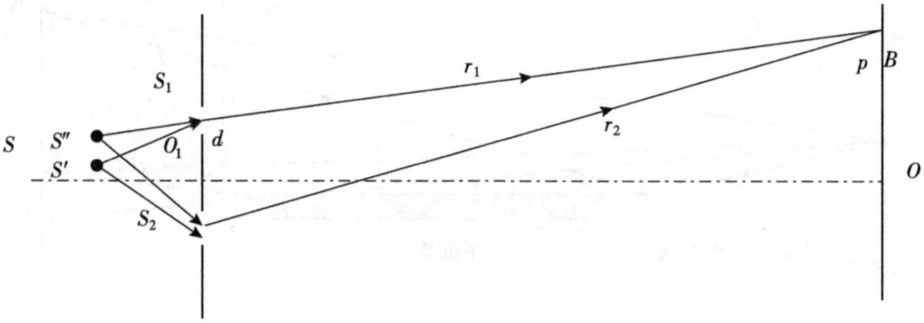

图 2-9　空间相干性

3. 双缝型的其他干涉装置

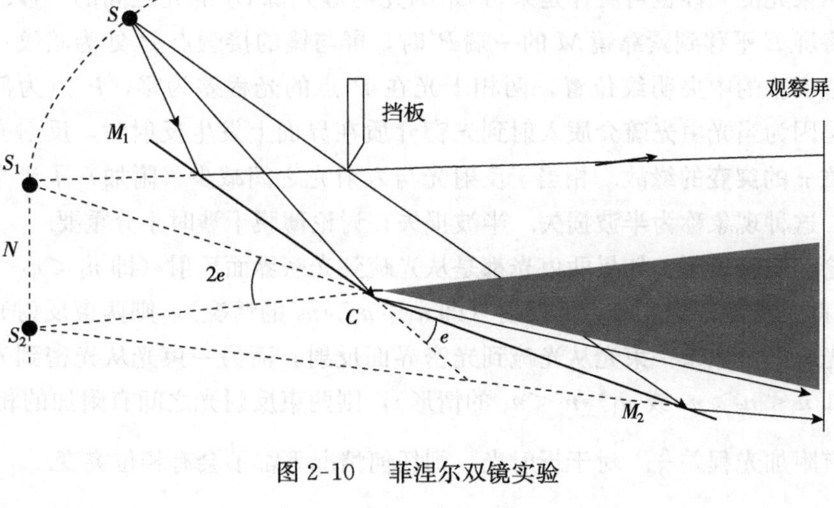

图 2-10　菲涅尔双镜实验

1）菲涅耳双面镜实验

在双缝干涉中，仅当缝 S、S_1 和 S_2 都很狭窄时，干涉条纹才较清楚．但这时通过狭缝的光又太弱．1918 年菲涅耳进行了双镜实验，其装置如图 2-10 所示．狭缝光源 S 的光射向以微小夹角装在一起的两平面镜 M_1 和 M_2，使从 M_1 和 M_2 反射的两束光交叠发生干涉．由于两束反射光好象是来自虚光源 S_1 和 S_2，所以双镜干涉是双缝干涉的变形．

2）洛埃德镜实验

1834 年洛埃德提出了一种更简单的观察干涉现象的装置（图 2-11）．洛埃德镜实验不但能显示光的干涉现象，而且还能显示由光疏媒质（折射率小的媒质）射向光密媒质（折射率较大的媒质）而反射回来的光有位相突变．

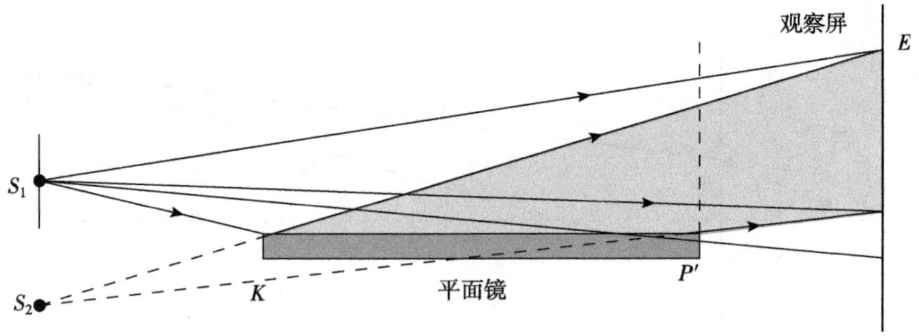

图 2-11　洛埃德镜实验

图中 S_1 为一条狭缝光源，它发出的部分光直接射到屏上，另一部分光几乎与镜面平行地（入射角接近 90°）射向平面镜并被反射到屏上，从而产生光的干涉．显然，这两束光的干涉也可看作是来自 S_1 的光与虚光源 S_2 的光之间的干涉．实验发现，若将屏 E 平移到紧靠镜 M 的一端 P' 时，屏与镜的接触点 P' 处为暗纹．P' 点相当于双缝实验的中央明纹位置，两相干光在 P' 点的光程差为零，P' 点为何成了暗纹？这是因为当光由**光疏介质**入射到**光密介质**在界面上发生反射时，反射光的相位发生**相位 π 的突变**的缘故．相当于反射光与入射光之间减少（附加）了半个波长的波程差．这种现象称为**半波损失**．半波损失在讨论薄膜干涉时十分重要．

理论和实验表明：如果两束光都是从光疏到光密界面反射（即 $n_1<n_2<n_3$ 的情况），或都是从光密到光疏界面反射（即 $n_1>n_2>n_3$ 的情况），则两束反射光之间无附加的光程差．如果一束光从光疏到光密界面反射，而另一束光从光密到光疏界面反射（即 $n_1<n_2>n_3$ 或 $n_1>n_2<n_3$ 的情形），则两束反射光之间有附加的相位差 π，或者说有附加光程差 $\frac{\lambda}{2}$．对于折射光，则任何情况下都不会有相位突变．

洛埃德镜干涉实验的特点：

(1) 两束相干光由光源 S 和虚光源 S' 发出；

(2) 两光源相位相同，可比作杨氏双缝干涉实验中的两个狭缝；

(3) 只有虚光源有半波损失；

(4) 重叠区形成条纹，条纹对两光源不对称.

由此分析可知：

考虑到反射光有半波损失，所以波程差为

$$\delta=\frac{dx}{D}+\frac{\lambda}{2}.$$

明暗纹位置

(1) 明纹：$\delta=\frac{dx}{D}+\frac{\lambda}{2}=k\lambda$ ($k=1, 2, 3, \cdots$) 时，

$$P \text{ 点为明纹} \quad x=\left(k-\frac{1}{2}\right)\frac{D\lambda}{d}=(2k-1)\frac{D\lambda}{2d}. \tag{2-13}$$

(2) 暗纹：$\delta=\frac{dx}{D}+\frac{\lambda}{2}=(2k-1)\frac{\lambda}{2}$ ($k=1, 2, 3, \cdots$) 时，

$$P \text{ 点为暗纹} \quad x=(k-1)\frac{D\lambda}{d}. \tag{2-14}$$

相邻明（暗）纹间距$=\frac{D\lambda}{d}$，即 $\Delta x=\frac{D\lambda}{d}$.

例 2-3 在杨氏双缝干涉实验中，屏与双缝间的距离 $D=1\text{m}$，用钠光灯作单色光源（$\lambda=589.3\text{nm}$），问（1）$d=2\text{mm}$ 和 $d=10\text{mm}$ 两种情况下，相邻明纹间距各为多少？（2）如肉眼仅能分辨两条纹的间距为 0.15mm，现用肉眼观察干涉条纹，问双缝的最大间距是多少？

解 （1）由公式（2-12），相邻两明纹间的距离为 $\Delta x=\frac{D\lambda}{d}$

当 $d=2\text{mm}$ 时

$$\Delta x=\frac{1\times589.3\times10^{-9}}{2\times10^{-3}}\text{m}=2.95\times10^{-4}\text{m}=0.295\text{mm}$$

当 $d=10\text{mm}$ 时

$$\Delta x=\frac{1\times589.3\times10^{-9}}{10\times10^{-3}}\text{m}=5.89\times10^{-5}\text{m}=0.059\text{mm}$$

（2）如 $\Delta x=0.15\text{mm}$，

$$d=\frac{D}{x}\lambda=\frac{1\times589.3\times10^{-9}}{0.15\times10^{-3}}\text{m}=3.93\times10^{-3}\text{m}\approx4\text{mm}$$

这表明，在这样的条件下，双缝间距必须小于 4mm 才能看到干涉条纹.

例 2-4　以单色光照射到相距为 0.2mm 的双缝上，屏与双缝间距为 1m.

(1) 从第一级明纹到同侧第四级的明纹为 7.5mm 时，求入射光波长；

(2) 若入射光波长为 600nm，求相邻明纹间距离.

解　由题意有

(1) 明纹坐标为　　$x=\pm k\dfrac{D\lambda}{d}$，

$$x_4-x_1=4\frac{D\lambda}{d}-\frac{D\lambda}{d}=\frac{3D\lambda}{d}$$

$$\Rightarrow\lambda=\frac{d}{3D}(x_4-x_1)=\frac{0.2\times10^{-3}}{3\times1}\times7.5\times10^{-3}\text{m}$$

$$=5\times10^{-7}\text{m}=5000\ \text{Å}.$$

(2) 当 $\lambda=600$nm 时，相邻明纹间距为

$$\Delta x=\frac{D\lambda}{d}=\frac{1\times600\times10^{-9}}{0.2\times10^{-3}}\text{m}=3\times10^{-3}\text{m}=3\text{mm}$$

例 2-5　在杨氏实验中，双缝间距为 0.45mm，使用波长为 540nm 的光观测.

(1) 要使光屏 E 上条纹间距为 1.2mm，光屏应离双缝多远？

(2) 若用折射率为 1.5、厚度为 9.0μm 的薄玻璃片遮盖狭缝 S_2，光屏上干涉条纹将发生什么变化？

解　(1) 根据干涉条纹间距的表达式

$$\Delta x=\frac{D\lambda}{d}\Rightarrow D=\frac{\Delta xd}{\lambda}=\frac{1.2\times10^{-3}\times0.45\times10^{-3}}{540\times10^{-9}}\text{m}=1.0\text{m}$$

(2) 在 S_2 未被玻璃片遮盖时，中央亮条纹的中心应处于 $x=0$ 的地方. 遮盖玻璃片后，中央亮条纹的光程差应表示为

$$\delta=(r_2-h+nh)-r_1=h(n-1)+r_2-r_1=h(n-1)+\frac{d}{D}x$$

中央亮条纹应满足 $\delta=0$ 的条件，于是可得

$$h(n-1)+\frac{d}{D}x=0\Rightarrow x=\frac{h(n-1)D}{d}=-1.0\times10^{-2}\text{m}$$

这表示当被玻璃片遮盖后干涉条纹整体向下平移了 10mm.

例 2-6　在杨氏干涉实验装置中，采用加有蓝绿色滤光片的白色光源，其波长范围为 $\Delta\lambda=100$nm，平均波长为 490nm. 试估算从第几级开始，条纹将变得无法辨认？

解　设该蓝绿光的波长范围为 $\lambda_1\sim\lambda_2$，则按题意有

$$\lambda_2-\lambda_1=\Delta\lambda=100\text{nm},\frac{1}{2}(\lambda_1+\lambda_2)=\lambda=490\text{nm}$$

相应于 λ_1 和 λ_2，杨氏干涉条纹中 k 级明纹的位置分别为

$$x_1 = k\frac{D}{d}\lambda_1 \qquad x_2 = k\frac{D}{d}\lambda_2$$

因此，k 级干涉条纹所占的宽度为

$$x_2 - x_1 = k\frac{D}{d}(\lambda_2 - \lambda_1) = k\frac{D}{d}\Delta\lambda$$

显然，当此宽度大于或等于相应于平均波长 λ 的条纹间距时，干涉条纹变得模糊不清，这个条件可表达为

$$k\frac{D}{d}\Delta\lambda \geqslant \frac{D}{d}\lambda, \text{即 } k \geqslant \frac{\lambda}{\Delta\lambda} = 4.9$$

所以，从第五级开始，干涉条纹变得无法分辨.

2.3.2　等倾干涉（平行平面膜）

当一束光入射到两种均匀透明介质的分界面上时，将被分成两束，一部分光波透射，另一部分光波反射. 从能量守恒的角度来看，透射波和反射波的振幅都小于入射波. 于是形象地说成是入射光的振幅被分割了. 薄膜可以看成是一种分振幅干涉装置. 当入射光到达薄膜的表面时，被分解为反射光和折射光，折射光经下表面的反射和上表面的折射，又回到上表面上方的空间，与上表面的反射光交叠而发生干涉.

薄膜干涉——等倾干涉条纹

空气中的肥皂膜或水面上的油膜在阳光下会呈现出一些彩色花纹，这些花纹就是阳光在膜的上下表面反射后形成的两束相干光叠加而成的干涉条纹，称为**薄膜干涉**. 在薄膜干涉中，两束相干光分别通过不同介质，这时在计算光程差时还需要考虑有无半波损失.

如图 2-12 所示，从单色扩展光源上一点 S 发出的光，以入射角 i 投射到二个表面相互平行，厚度为 e，折射率为 n 的薄膜上，薄膜两侧的介质折射率分别为 n_1 和 n_2. 图中光线 a 是入射光经薄膜上表面反射后，返回至原介质中的光线，光线 b 是经薄膜下表面反射后，返回至原介质中的光线. 由于光线 a 和光线 b 是从同一入射光分出来的两部分，因经历不同的路程而具有恒定的相位差，因此是相干光. 两光线相互平行，在无穷远处产生干涉，干涉的情况取决于两相干光线的光程差.

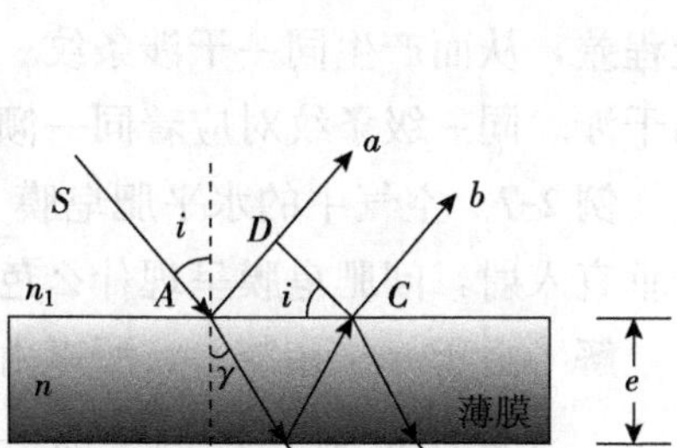

图 2-12　薄膜干涉

当 $n_1 < n$，$n < n_2$ 时，上下表面都存在**半波损失**，两相干光的**光程差**为

$$\delta = n(AB + BC) - n_1 AD \tag{2-15}$$

设薄膜的厚度为 e，由图中的几何关系可得

$$AB = BC = \frac{e}{\cos\gamma} \qquad AD = AC\sin i = 2e\tan\gamma\sin i$$

$$\xrightarrow{n_1\sin i = n\sin\gamma} \delta = 2e\sqrt{n^2 - n_1^2\sin^2 i} \tag{2-16}$$

$$\delta = \begin{cases} \pm k\lambda (k = 1,2,3,\cdots) & (\text{亮纹}) \\ \pm (2k+1)\lambda/2 (k = 0,1,2,\cdots) & (\text{暗纹}) \end{cases} \tag{2-17}$$

透射光也有干涉现象. 从图 2-12 可以看出，光线 a' 是由 B 点直接透射到介质 n_2 中的光线，b' 是在 B 点和 C 点经两次反射后再透射到介质 n_2 中的光线. 其中，光线在 B 点的反射是由光疏介质入射到光密介质（$n<n_2$），有半波损失；光线在 C 点的反射是由光密介质入射到光疏介质（$n_1<n$），没有半波损失，所以总的而言，两次反射产生了半波损失.

$$\delta' = 2e\sqrt{n^2 - n_1^2\sin^2 i} + \frac{\lambda}{2} \tag{2-18}$$

与反射光的光程差式（2-16）比较，可知当反射光相互加强时，透射光将相互减弱，两者的干涉图样是互补的. 通常我们只观察反射光的干涉图样，这是因为反射光的干涉图样更清晰.

如果用透镜观察，干涉条纹将形成在透镜的焦平面上. 顺便提一下，由于物像之间具有等光程性. 因此，透镜的使用不会引起附加的光程差.

由式（2-17）可知，对于厚度均匀的薄膜，在 n、n_1、n_2 和 e 都确定的情况下，对于某一波长而言，两反射光的光程差只取决于入射角 i. 因此，波长一定时，以相同的倾角入射的一切光线，经膜的上、下表面反射后产生的相干光束都有相同的光程差，从而产生同一干涉条纹. 换句话说，**等倾干涉**是指厚度相等的薄膜所发生的干涉. 同一级条纹对应着同一倾角. 其干涉条纹由一系列**同心圆环**所组成.

例 2-7　空气中的水平肥皂膜（$n_2=1.33$，$n_1 = n_3 = 1$）厚 0.32μm，如果用白光垂直入射，问肥皂膜呈现什么色彩？

解　由于 $n_1<n_2>n_3$，所以由肥皂膜上、下两表面反射形成相干光的光程差为 $\delta=2n_2e+\frac{\lambda}{2}$，当 $\delta = k\lambda$ 时，即

$$\lambda = \frac{2n_2e}{k-\frac{1}{2}}, k = 1,2,3,\cdots$$

把 $n_2=1.33$，$e = 0.32\mu m$ 代入，得到干涉明纹的光波波长为

$$k = 1,\quad \lambda_1 = 4n_2e = 1.70\mu m$$

$$k = 2,\quad \lambda_2 = \frac{4}{3}n_2e = 0.567\mu m$$

$$k = 3, \quad \lambda_3 = \frac{4}{5}n_2 e = 0.341\mu m$$

其中，$\lambda_2 = 0.567\mu m$ 的绿光在可见光范围内，所以肥皂膜呈现绿色.

例 2-8 在某些光学玻璃上，镀上一层薄膜后可以增强反射，称为增反膜. 在折射率为 $n_1 = 1.50$ 的玻璃上，镀上一层折射率为 $n_2 = 2.50$ 的透明介质膜. 在镀膜的过程中用波长 $\lambda = 600nm$ 的单色光从上方垂直照射到介质膜上. 当介质膜的厚度逐渐增加时，透射光的强度发生时强时弱的变化. 试问当观察到透射光强度第三次出现最弱时，介质膜已镀了多厚?

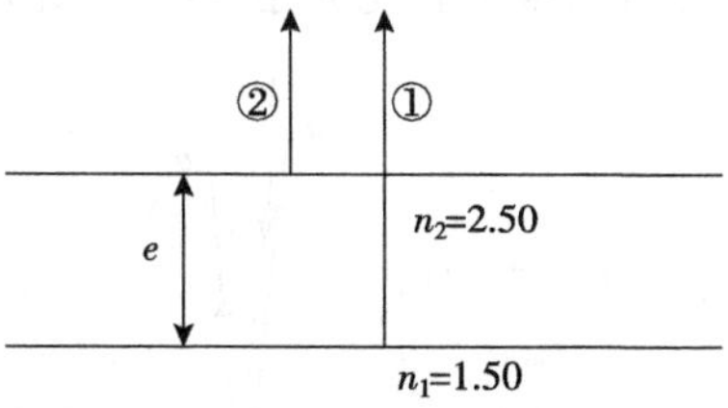

图 2-13 例 2-8 用图

解 在薄膜上、下表面的两束反射光束①②（图 2-13），所示的光程差：

$$\delta = 2n_2 e + \frac{\lambda}{2}.$$

透射光减弱相当于反射光加强，所以有

$$2n_2 e + \frac{\lambda}{2} = k\lambda (k = 1, 2, 3, \cdots)$$

因为透射光第三次出现最弱，相应于反射光第三次出现最强，所以干涉级 k 取 3，这时膜的厚度

$$e = \left(k - \frac{1}{2}\right)\frac{\lambda}{2n_2} = \left(3 - \frac{1}{2}\right)\frac{600}{2 \times 2.50}nm = 300nm$$

例 2-9 已知在照相机镜头上有一层折射率为 1.38 的氟化镁膜，要使人眼最敏感的黄绿光 550nm 的绿光透射最强（反射最少），试设计照相机镜头上所镀氟化镁膜的最小厚度.

解 因膜的折射率介于空气和玻璃之间，由题意有：

$$2n_2 e = \left(k + \frac{1}{2}\right)\lambda (k = 0, 1, 2, 3, \cdots)$$

对应 $k=0$，e 值最小，所以 $e = \frac{\lambda}{4n} = \frac{5.500 \times 10^{-7}}{4 \times 1.38}m = 0.996 \times 10^{-7}m$.

2.3.3 等厚干涉（劈尖 牛顿环）

等厚干涉是厚度不同的薄膜所发生的干涉. 同一级条纹对应着同一厚度. 这种干涉的特点是，膜的同一厚度处，对应的两相干光光程差相等，给出同一级干涉条纹.

常见的等厚干涉装置有**劈尖膜**和**牛顿环**.

1. 劈尖干涉

如果两块平板玻璃的一端相接触，另一端夹一薄纸片，则在这两块平板玻璃之间就形成了空气**劈尖膜**，如图 2-14（a）所示．两玻璃片的交线称为棱边，在平行于棱边的线上，劈形膜的厚度是相等的．

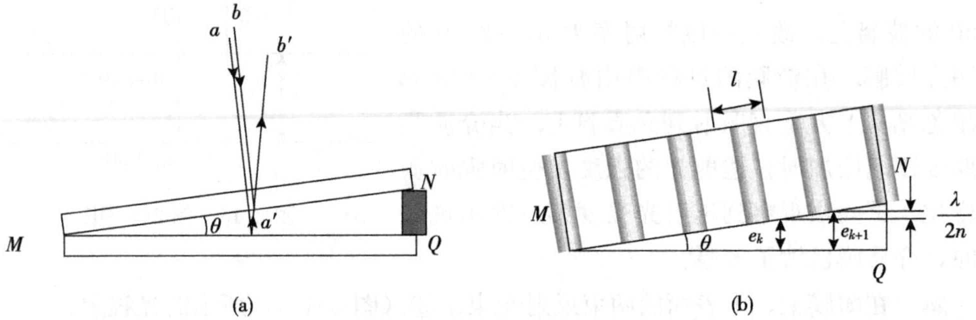

图 2-14　劈形膜的干涉

当平行单色光垂直（$i=0$）地投射到该劈形膜上时，空气膜上下两表面所引起的反射光线将形成干涉光．由于劈形膜的尖角 θ 很小，可以近似地认为入射光垂直于空气膜的上下表面，两反射光的方向与入射光相同．劈形膜在 C 点处的厚度为 e，在空气膜的上下表面反射的两束光的光程差为

$$\delta = 2ne + \lambda/2 = \begin{cases} k\lambda\,(k=1,2,\cdots) & \text{（明纹）} \\ (2k+1)\lambda/2\,(k=0,1,2,\cdots) & \text{（暗纹）} \end{cases} \tag{2-19}$$

上式表明，厚度相等的地方，两相干光光程差相等，给出同一级条纹（与某一 k 相联系），因此，这些干涉条纹为等厚干涉条纹．劈形膜的干涉条纹为平行于棱边的直线条纹，如图 2-14（b）所示．

在两块玻璃片相接触处，$e=0$，光程差等于 $\lambda/2$，所以应看到暗条纹，而事实正是这样的．这是**“半波损失”**的有力证据．

由图 2-14（b）知，任何两个相邻的明纹或暗纹之间的距离 l 由下式决定：

$$l\sin\theta = e_{k+1} - e_k = \frac{1}{2n}[(k+1)\lambda - k\lambda] = \frac{\lambda}{2n} \tag{2-20}$$

式中 θ 为劈尖的夹角．显然，干涉条纹是等间距的，而且 θ 愈小，干涉条纹愈疏；θ 愈大，干涉条纹愈密．如果劈形膜的夹角 θ 相当大，干涉条纹就将密得无法分开．因此，干涉条纹只能在很尖的劈形膜上看到．

结论：

（1）劈棱处 $e=0$，光程差为 $\delta=\frac{\lambda}{2}$，劈棱处为暗纹；

（2）第 k 级暗纹处劈尖由　$\delta=2ne_k+\frac{\lambda}{2}=(2k+1)\lambda/2$，有 $e_k=\frac{k\lambda}{2n}$；

(3) 相邻暗纹劈尖厚度差 $\Delta d=d_{k+1}-d_k=\dfrac{\lambda}{2n}$;

(4) 相邻条纹间距 $l=\dfrac{\Delta d}{\sin\theta}=\dfrac{\lambda}{2n\sin\theta}\approx\dfrac{\lambda}{2n\theta}$,因 θ 很小,$\sin\theta\approx\theta=\dfrac{\lambda}{2nl}$;

(5) 劈尖干涉条纹是从棱边暗纹起,一组明暗相间的等间隔直线条纹.

2. 牛顿环

将一块曲率半径 R 相当大的平凸透镜 A 的凸面置于一片光学平面玻璃板 B 上,平凸透镜和平面玻璃板间就形成一层空气薄膜,如图 2-15 所示.

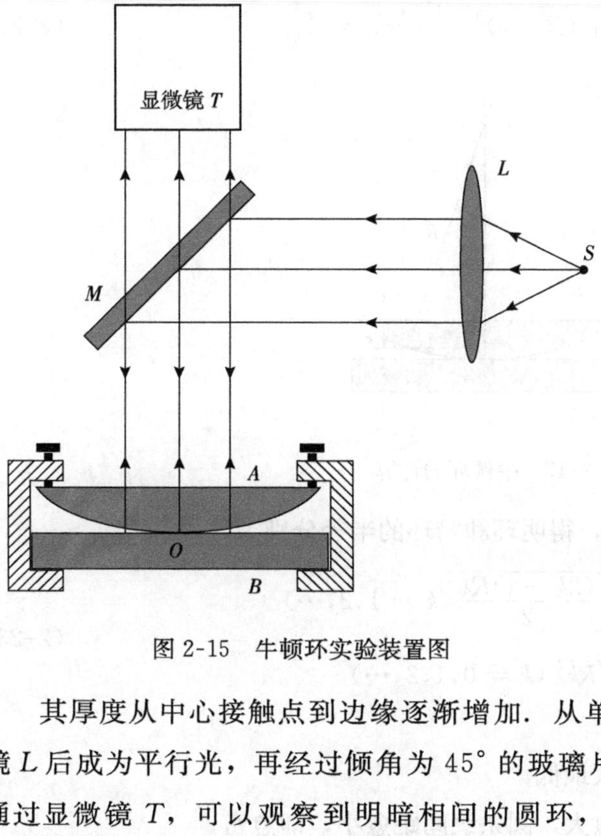

图 2-15 牛顿环实验装置图

图 2-16 牛顿环干涉条纹示意图

其厚度从中心接触点到边缘逐渐增加. 从单色光源 S 发出的光,经过凸透镜 L 后成为平行光,再经过倾角为 45° 的玻璃片 M 反射后,垂直照射到 A 上,通过显微镜 T,可以观察到明暗相间的圆环,这种干涉图样称为**牛顿环**,如图 2-16所示.

牛顿首先发现了这种实验现象,但他持有光的微粒性观点,无法解释这一现象. 在牛顿以后一百年,杨氏用光的干涉原理对牛顿环现象作了圆满的解释. 显然,牛顿环仪的平凸透镜 A 和玻璃片 B 之间形成了空气薄膜. 在 A 和 B 接触处 O,空气薄膜的厚度最小;由 O 向外,薄膜厚度逐渐增大. 入射光在空气薄膜的上下界面都有反射，反射光的干涉形成了干涉图样. 牛顿环的干涉与空气劈形膜一样，是薄膜的等厚干涉. 由于牛顿环仪中空气薄膜的等厚点的轨迹是圆周. 因此牛顿环的干涉条纹是一些**同心圆环**.

形成牛顿环处的空气薄膜厚度 e 满足下列条件

$$\delta = 2ne + \lambda/2 = \begin{cases} k\lambda\,(k = 1,2,\cdots) & (\text{明环}) \\ (2k+1)\lambda/2\,(k = 0,1,2,\cdots) & (\text{暗环}) \end{cases} \tag{2-21}$$

实验中直接测量的是牛顿环的半径 r，而不是膜的厚度 e，下面用几何关系计算环的半径与膜的厚度 e 的关系，由图 2-17 可得

$$R^2 = r^2 + (R-e)^2 \xrightarrow{R \gg e} e = \frac{r^2}{2R} \tag{2-22}$$

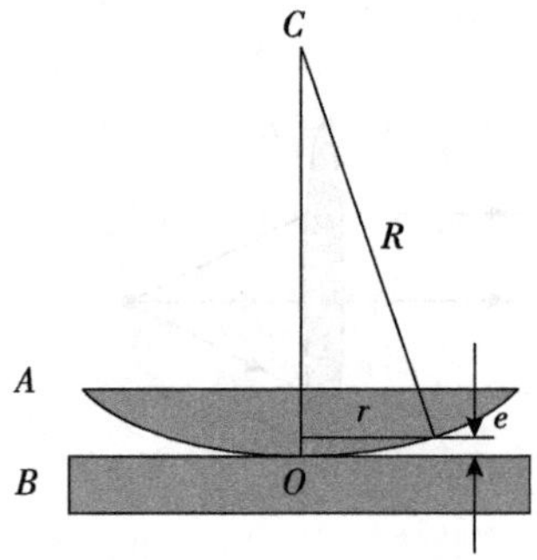

图 2-17　牛顿环的计算

将公式（2-22）代入公式（2-21），得明环和暗环的半径分别为

$$\begin{cases} r_{\text{明}} = \sqrt{\dfrac{(2k-1)R\lambda}{2}}\,(k = 1,2,\cdots) \\ r_{\text{暗}} = \sqrt{Rk\lambda}\,(k = 0,1,2,\cdots) \end{cases} \tag{2-23}$$

结论：

（1）牛顿环中心为暗环，级次最低；

（2）离开中心愈远，光程差愈大，圆条纹间距愈小，即愈密；

（3）透射光也有干涉，明暗条纹互补；

（4）复色光入射，出现彩色圆环，内紫外红；

（5）连续增加薄膜的厚度，视场中条纹缩入，反之，冒出.

例 2-10　用 λ=589.3nm 的光垂直入射到楔形薄透明片上，形成等厚条纹，已知膜片的折射率为 1.52，等厚条纹相邻纹间距为 5.0nm，求楔形面间的夹角.

解 等厚条纹相邻纹间距为：$l=\dfrac{\lambda}{2n\alpha}$，

$$\therefore\ \alpha=\frac{\lambda}{2nl}=\frac{589.3\times10^{-9}}{2\times1.52\times5.0\times10^{-3}}\text{rad}=3.88\times10^{-5}\text{rad},$$

$$\therefore\alpha=\frac{3.88\times10^{-5}}{\pi}\times180^\circ=0.00222^\circ=8''$$

例 2-11 在牛顿环实验中，用波长为 589.3nm 的钠黄光作光源，测得某级暗环的直径为 11.75mm，此环以外的第 20 个暗环的直径为 14.96mm，试求平凸透镜的曲率半径 R.

解 设第 k 级暗环的直径为 11.75mm，由式（2-23）得

$$r_{k+20}^2-r_k^2=(k+20)R\lambda-kR\lambda=20R\lambda$$

$$\Rightarrow R=\frac{r_{k+20}^2-r_k^2}{20\lambda}=\frac{(14.96/2)^2-(11.75/2)^2}{20\times589.3\times10^{-6}}\text{mm}=1.818\text{m}.$$

§2.4 迈克尔逊干涉仪

1. 迈克尔逊干涉仪

迈克尔逊干涉仪，是 1881 年美国物理学家迈克尔逊和莫雷合作，为研究“以太”漂移而设计制造出来的精密光学仪器．它是利用分振幅法产生双光束以实现干涉．通过调整该干涉仪，可以产生等厚干涉条纹，也可以产生等倾干涉条纹．主要用于长度和折射率的测量，若观察到干涉条纹移动一条，便是 M_1 的动臂移动量为 $\lambda/2$，等效于 M_1 与 M_2 之间的空气膜厚度改变 $\lambda/2$．在近代物理和近代计量技术中，如在光谱线精细结构的研究和用光波标定标准米尺等实验中迈克尔逊干涉仪都有着重要的应用．利用该仪器的原理，研制出了多种专用干涉仪．对近代相对论理论的发展产生了重大影响．

迈克尔逊干涉仪是用分振幅法产生双光束干涉．我们知道，薄膜干涉条纹的位置决定于光程差；光程差的微小变化会引起干涉条纹的明显移动．迈克尔逊干涉仪就是利用这个原理制成的精密仪器．

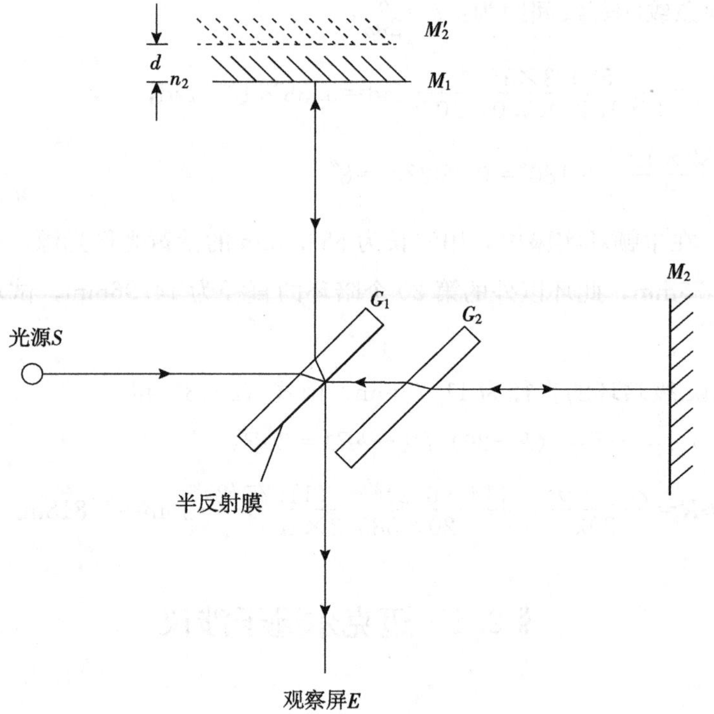

G_1—半涂银镜　G_2—补偿透镜　M_1、M_2 反射镜

E—眼及望远镜　M_1—移动反射镜　M_2—固定反射镜

图 2-18　迈克尔逊干涉仪光路图

图 2-18 是其光路图. 图中，M_1 和 M_2 是两平面反射镜，分别装在相互垂直的两臂上，M_2 固定，而 M_1 可通过精密丝杆沿臂长方向移动. G_1 和 G_2 是两块完全相同的玻璃板，在 G_1 的后表面上镀有半透明的银膜，能使入射光分为振幅相等的反射光和透射光，称为分光板. G_1 和 G_2 与 M_1 和 M_2 成 45°角倾斜安装. 由光源发出的光束，通过分光板 G_1 分成透射光束 1 和反射光束 2，分别射向 M_1 和 M_2，并被反射回到 G_1，光束 1 透过银膜的部分与光束 2 从银膜反射的部分被目镜会聚于观察屏上，由于这两束光是按分振幅法获得的相干光束. 它们将发生等倾干涉或等厚干涉. 干涉仪中 G_2 称为补偿板，是为了使光束 1 也同光束 2 一样三次通过相同的玻璃板，不致引起额外的光程差.

银膜作为一个平面镜，对固定镜 M_2 所成的虚像应是 M'_2，两相干光束可视为由 M'_2 和 M_1 的反射光线，其干涉等效于由 M'_2 和 M_1 之间空气薄膜产生的干涉. 如果 M_1 和 M_2 严格垂直，则 M'_2 和 M_1 严格平行，这时发生的干涉就是等倾干涉，观察到的干涉条纹应是一组亮暗相间的同心圆环. 如果 M_1 和 M_2 偏离相互垂直的方向，则 M'_2 和 M_1 之间形成一劈形空气膜，这时发生的干涉就是等厚干涉，观察到的干涉条纹应是一组亮暗相间的直线或弧线.

工作原理如下：

光束 1 和 2 发生干涉，光程差 $\delta=2d$（无半波损失）；$\delta=2d+\frac{\lambda}{2}$（有半波损失）.

$$2d=2k\frac{\lambda}{2}\ (k=1, 2, 3, \cdots)\ 加强；$$

$$2d=(2k+1)\frac{\lambda}{2}\ (k=0, 1, 2, 3, \cdots)\ 减弱.$$

干涉条纹的位置随动镜 M_1 的移动而变化. 当条纹为等倾条纹时 M_1 镜每移动 $\lambda/2$ 距离，视场中心就冒出一个环纹或漏失一个环纹；当条纹为等厚条纹时，M_1 镜每移动 $\lambda/2$ 距离，也有一个条纹从视场中移过. 视场中干涉条纹变化或移过的数目 N 与 M_2 移动距离 d 之间的关系是

$$d=N\lambda/2 \tag{2-24}$$

根据这个公式就可以利用迈克尔逊干涉仪测量长度或长度的变化. 测量精度可达光波波长的 1/10. 反过来，也可以用已知的长度来测量波长，迈克尔逊曾用迈克尔逊干涉仪精确地测定了红镉线的波长.

2. 时间相干性

一般认为单色的点光源发出的光经过干涉装置分束后，总是能够产生干涉效应的. 然而实际并不如此. 例如在迈克尔逊干涉仪中，如果 M_1 与 M'_2 之间的距离超过一定的限度，就观察不到干涉条纹. 这是因为光源实际发射的是一个个的波列，每个波列有一定的长度. 例如在迈克尔逊干涉仪的光路中，光源先后发出的两个波列 a 和 b，每个都被分束板分成 1、2 两波列，我们用 a_1、a_2、b_1、b_2 表示，当两路光程差不太大时，如图 2-19 (a)，由同一波列分解出来的两波列如 a_1 和 a_2，b_1 和 b_2，可能重叠，这时能够发生干涉. 但如果两光路的光程差太大，如图 2-19 (b) 所示，则由同一波列分解出来的两波列将不再重叠，而相互重叠的却是由前后两波列 a、b 分解出来的波列（譬如说 a_1 和 b_2），这时就不能发生干涉. 为了保证同一原子光波列被分割的两部分能重新会合，两光路的光程差就不能超过原子光波列在真空中的长度，而此长度为

$$\Delta x=\frac{\lambda^2}{\Delta\lambda}\xrightarrow{\text{时间差}}\Delta t=\frac{\Delta x}{c}=\frac{\lambda^2}{c\Delta\lambda} \tag{2-25}$$

Δt 也就是发射一个原子光波列的时间. 通常我们将 Δx 和 Δt 分别称为**相干长度**和**相干时间**，并将这类相干性称为时间**相干性**. 显然，相干长度或相干时间愈长代表时间相干性愈好. 可以看出，光的单色性愈好（谱线宽度愈小），Δx 与 Δt 与就愈大，这时光的时间相干性就愈好.

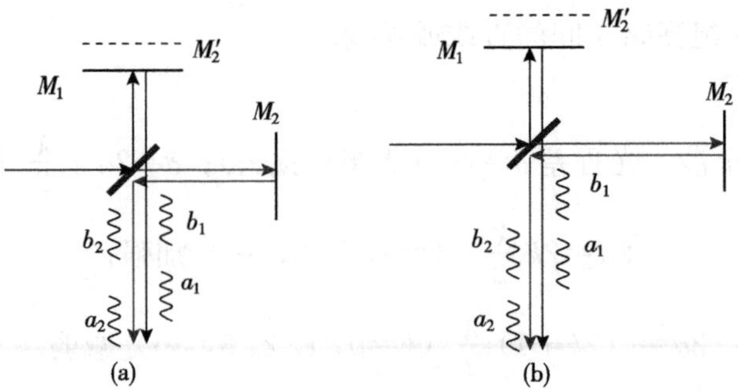

图 2-19　迈克尔逊时间相干性

联系前面所讨论的光的空间相干性，可以看出：空间相干性研究的是在垂直于光线的横向两空间点上光的相干性；时间相干性讨论的是沿光线纵向两空间点上光的相干性. 前者的好坏决定于光源尺度，而后者的优劣则由光源的单色性决定. 所以尺度较大或单色性差的光源都难以形成干涉.

对于迈克尔逊干涉仪，若采用激光作光源，因激光的相干长度一般达数十万米. 所以，M_1 的动臂移动的距离实际上没有任何限制. 若采用钠光灯，因其相干长度只有几厘米，动臂移动的距离超过这个长度就观察不到干涉. 如果用白光作光源，白光的相干长度只有微米数量级，这时要观察到干涉，M_1 与 M'_2 间的距离就不能超过微米级. 因此，在迈克尔逊干涉仪中采用普通光源时，必须加上补偿板 G_2 来消去多余的光程差. 最后应当指出，时间相干性问题不仅存在于迈克尔逊干涉仪中，它也存在于所有的干涉现象中.

工 程 应 用

A. 等厚干涉条纹（劈尖 牛顿环）的应用

等厚干涉广泛应用于科学研究和工程技术，在实际中常用劈形膜干涉原理测量薄片厚度、细丝直径等微小量，研究零件内应力和分布等，还可利用劈形膜来检查光学表面的平整度. 用待测平面和标准光学平面形成空气劈形膜. 若待测平面非常平整，则干涉条纹为平行且等距的直条纹. 若待测平面有缺陷，则待测条纹发生不规则弯曲. 这种检查方法能检查出不超过 $\lambda/4$ 的凹凸缺陷.

1. 测量微小物体的厚度

将微小物体夹在两薄玻璃片间，形成劈尖，用单色平行光照射，如图 2-20 所示.

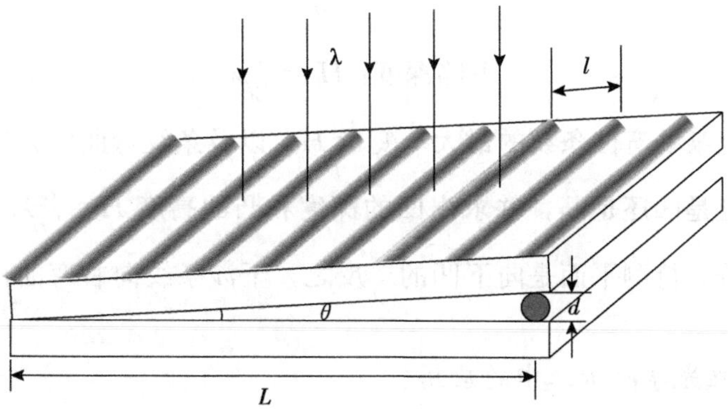

图 2-20　劈尖测量微小物体的厚度

因为 $d=L\theta$，由 $\theta=\dfrac{\lambda}{2nl}$得 $d=\dfrac{L\lambda}{2nl}$.　(2-26)

其他应用如下.

测波长：已知 θ、n，测 L 可计算 λ.

测折射率：已知 θ、λ，测 L 可计算 n.

2. 检测待测平面的平整度

由于同一条纹下的空气薄膜厚度相同，所以劈尖干涉可以用于检查待测平面的平整度. 如果条纹是一组等间距的平行直线，则被检测表面平整；若条纹弯曲畸变，则被检测表面不平整. 如图 2-21.

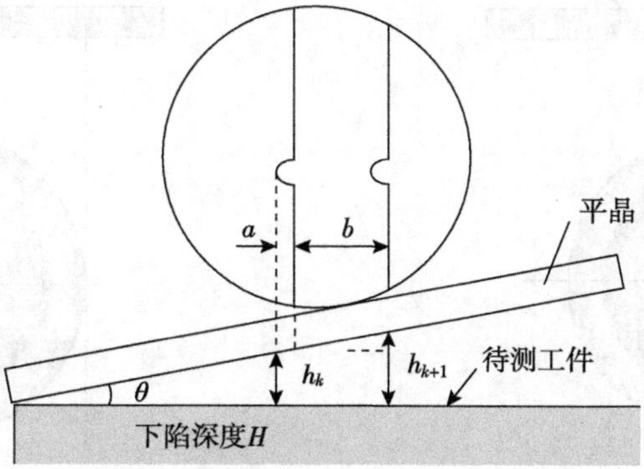

图 2-21　劈尖检测工件平面的平整度

如图 2-21，设：条纹间距 b，弯曲部分宽 a，求下陷深度 H.

由几何关系：

$$\Delta h = h_{k+1} - h_k = \frac{\lambda}{2} \tag{2-27}$$

$$\frac{\Delta h}{b} = \frac{H}{a} \tag{2-28}$$

$$\text{下陷深度：} H = \frac{a}{2b}\lambda \tag{2-29}$$

结论：根据某处弯曲条纹的最大畸变量 H，以及条纹弯曲的方向，就可以判断待测平面在该处是凹还是凸，并求出凹的深度和凸的高度 $H=\frac{a}{2b}\lambda$. 对于干涉条纹向左弯曲的部分，待测平面是向下凹的. 反之，干涉条纹向右弯曲，待测平面是上凸的.

3. 牛顿环在光学冷加工中的应用

在光学元件加工车间，常用牛顿环快速检测透镜的曲率及其表面是否合格. 检验方法如图 2-22 所示，用一标准件覆盖在待测件上，如果两者完全密合，则不产生牛顿环，即达到标准要求. 如果被测件曲率半径小于或大于标准值，则产生牛顿环. 圆环条纹越多，误差越大；若条纹不圆，则说明被测件曲率半径不均匀. 此时，用手均匀轻压标准件，牛顿环各处空气隙的厚度必然减小，相应的光程差也减小，条纹发生移动.

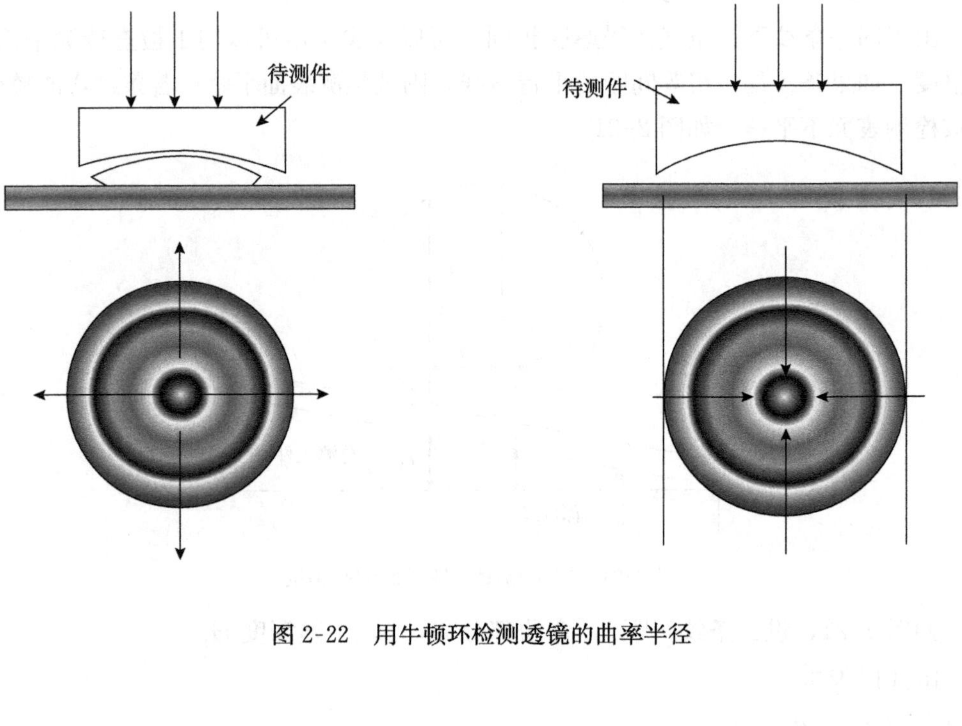

图 2-22　用牛顿环检测透镜的曲率半径

结论：

（1）环外扩：要打磨中央部分；

（2）环内缩：要打磨边缘部分.

通过检测，对不合格元件进行相应精加工，直到合乎标准为止.

B. 等倾干涉条纹的应用

镀膜光学元件（增透膜、增反膜和多层膜）

光从空气入射到玻璃片上大约有4%的光强被反射，而普通光学仪器常常包含有多个镜片，其反射损失经常要达到20%～50%，使进入仪器的透射光强度大为减弱，同时杂散的反射光还会影响观测的清晰度．如果在透镜表面镀上一层透明介质薄膜就可以达到减少反射，增强透射的目的，这种介质薄膜称为**增透膜**．例如平常我们看到照相机镜头上一层蓝紫色膜就是增透膜．实际工作中有时提出相反的要求，即尽量降低透射率提高反射率，这种薄膜称为**增反膜**．例如，激光器中的高反射镜，对特定波长的光的反射率可达99%以上；宇航员头盔和面甲上都镀有对红外线具有高反射率的增反膜，以屏蔽宇宙空间中极强的红外线照射．另外，还有**多层反射膜**，即增加反射减少透射，如：He—Ne激光器中的谐振腔的反射镜就是采用镀多层膜（15～17层）的办法，使它对6328 Å的激光的反射率达到99%以上.

如图2-23所示，在折射率为n_2的光学元件上镀了一层折射率为n的透明薄膜，厚度为e．它们都处在折射率为n_1的介质中．对于增透膜常使得$n_1<n<n_2$，某波长为λ的光垂直入射薄膜后在上下表面的反射光1和2均有半波损失，于是反射光的光程差为$2ne$，欲使反射相消，必有

$$2ne = (k + \frac{1}{2})\lambda (k = 0,1,2,3,\cdots) \tag{2-30}$$

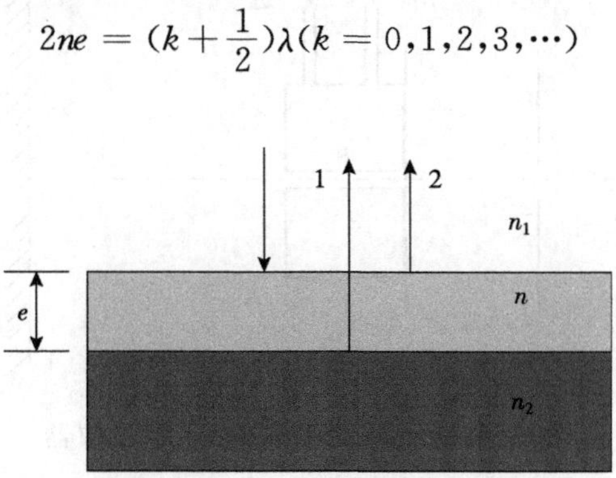

图2-23　增透膜

即将e控制在以下厚度：$e=\frac{1}{4n}\lambda$，$e=\frac{3}{4n}\lambda$，$e=\frac{5}{4n}\lambda$，……时，便能起到增透作

用. 由上式可看出，一层增透膜只能使某种波长的反射光达到极小，对于其他相近波长的反射光也有不同程度的减弱. 至于控制哪一种波长的反射光达到极小，视实际需要而定. 对于一般的照相机和助视光学仪器，常选人眼最敏感的波长 $\lambda=550\text{nm}$ 使其反射光达到极小，这一波长的光呈黄绿色，所以增透膜的反射光中呈现出与它互补的颜色，即蓝紫色.

如果为了增强光学元件的反射率，则所镀膜的折射率应满足：$n_1<n$，$n>n_2$ 时，反射光 2 和 3 的光程差为 $2ne+\frac{\lambda}{2}$，e 满足下式任何值时都可达到反射加强，

即
$$e=\frac{1}{4n}\lambda, e=\frac{3}{4n}\lambda, e=\frac{5}{4n}\lambda, \cdots \tag{2-31}$$

不管是增透膜还是增反膜都极易损坏，忌触摸.

C. 迈克尔逊干涉仪的应用

利用迈克尔逊干涉仪不仅可以测量微小长度的变化，也可以测量光波的波长. 还可以用来测气体在各种温度和压强情况下的折射率.

瓦斯气体的折射率大于干净空气的折射率，根据这一点，人们设计了一种利用光的干涉监测矿井瓦斯的仪器，原理图如 2-24 所示. 在双缝后面放置两个完全相同的透明容器 A、B，容器 A 与干净的空气相通，在容器 B 中通入矿井中的气体，如果 B 容器中是瓦斯气体，则可以看到中央明纹向上移动，其他条纹也整体向上移动，瓦斯浓度越浓，移动量越大，这样就能监测**瓦斯浓度**.

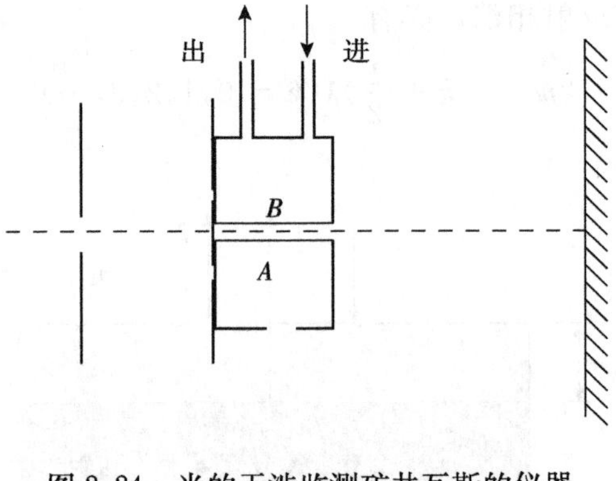

图 2-24　光的干涉监测矿井瓦斯的仪器

在光谱学中，应用精确度极高的近代干涉仪可以精确地测定光谱线的波长极其精细结构；在天文学中，利用特种天体干涉仪还可测定远距离星体的直径以及检查透镜和棱镜的光学质量等.

D. 光的干涉的其他应用

1. 散斑法测面内位移

1）散斑现象和散斑干涉法

激光照射在粗糙表面（如金属表面或毛玻璃）上，在被激光照亮的物体表面以外的空间，则会产生明暗相间的亮斑和暗斑，形成随机分布的散斑场．分布在空间的散斑，称为**客观散斑**；通过透镜成像而记录在屏面上的散斑，称为**主观散斑**．就整个空间而言，屏近的地方散斑小，屏远的地方散斑大．

散斑随物体的变形或运动而变化．采用适当的方法，对比变形前后的散斑图，就可以高度精确地检测出物体表面各点的位移．这就是**散斑干涉法**．

2）散斑的形成条件

形成散斑必须满足以下两个条件：

(1) 被照射表面为粗糙表面，以产生散射光．为使散射光均匀，粗糙表面的深度大于波长．

(2) 照射光有足够的相干性，常用激光产生激光散斑．

3）单光束散斑干涉法测面内位移的原理

当物体发生位移时，引起前方空间散斑场分布的变化，通过测量散斑场的变化，从而得到物体位移的相关信息．它们之间有着确定的关系．把物体表面变形前后所形成的两个散斑图，记录在同一张底片上．底片上的每个小区域，和物体表面上相应的小区域一一对应；当此区域足够小时，在底片上对应的小区域内的两个散斑图几乎完全相同，只是错动了一个与物体表面位移有关的小的距离．这时各个斑点都成对出现．其错动的距离和方位，代表所对应的物体表面小区域的移动．用光学信息处理的方法，对所记录的底片进行分析，就可以得到物体表面的位移或位移的微分的分布．

单光束散斑照相已广泛用来测量物体表面的平动、倾斜和应变，如蜂窝夹层板的变形，平面问题的应变等．利用侧向散射光所形成的散斑，可以测量透明试件内部任一截面的位移和变形．

2. 莫尔条纹法测离面位移

1）莫尔条纹

莫尔条纹是十八世纪法国研究人员莫尔先生发现的一种光学现象．是两条线或两个物体之间以恒定的角度和频率发生干涉的视觉结果，当人眼无法分辨这两条线或两个物体时，只能看到干涉的花纹，这种光学现象就是**莫尔条纹**．如两块薄的丝绸或窗纱叠在一起，即可以看到不规则的莫尔条纹．

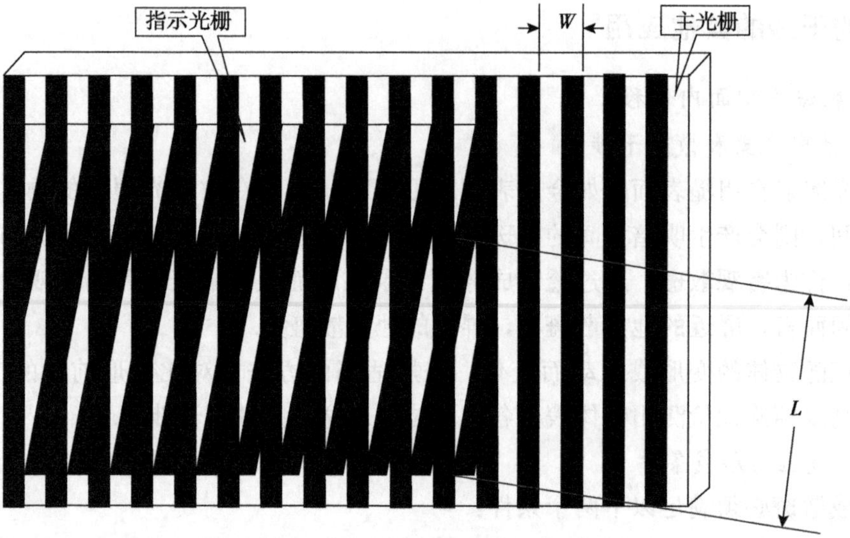

图 2-25 光栅测距原理图

如图 2-25 所示，把主光栅与指示光栅的刻线面相对叠合在一起，中间留有很小的间隙，并使两者的栅线保持很小的夹角 θ（θ 为主光栅和指示光栅刻线的夹角）. 在两光栅的刻线重合处，光从缝隙透过，形成亮带；在两光栅刻线的错开处，由于相互挡光作用而形成暗带. 如果莫尔条纹的宽度用 L 表示，光光栅距用 W 表示，则两者存在如下关系：

$$L = \frac{W}{\sin\theta} \tag{2-32}$$

2）光栅莫尔条纹特征

光栅莫尔条纹具备两个主要特征.

（1）判向作用：当指示光栅相对于固定不动的主光栅左右移动时，莫尔条纹将沿着近于栅线的方向上下移动，由此可以确定光栅移动的方向.

（2）位移放大作用：调整夹角 θ 即可得到很大的莫尔条纹宽度，起到了放大作用，又提高了测量精度.

3）莫尔条纹法测离面位移原理

位移的精确测量在高精度的检测、机械加工等领域有着非常重要的应用，利用莫尔条纹的高倍率放大特性，可对位移量进行准确的测量和控制. 原理如下：

根据公式（2-32），对给定的光光栅距 W，若夹角 θ 越小，莫尔条纹宽度 L 就越宽. 当两光栅夹角 θ 一定时，若两光栅相对移动一个光栅距 W，莫尔条纹也刚好移动了一个条纹宽度 L. 反之，若能测量出莫尔条纹相对于某点移动过的数目 n，就可以测量出微小移动量 $l=n\times W$.

本章提要

本章主要讲述有关光的干涉的基本概念，介绍等倾干涉和等厚干涉的实验现象和原理，并阐述了光的干涉在工程上的基本应用.

1. 相干光的相干条件

(1) 振动频率相同；(2) 振动方向相同；(3) 具有恒定的相位差.

2. 获得相干光的方法

通常获得相干光的方法有分波阵面法和分振幅法. 从同一波阵面上取出两部分作为相干光源，即用分光束获得相干光的方法叫做分波阵面法，而分振幅法则是将一普通光源上同一点发出的光波列，利用反射或折射等方法使它“一分为二”，然后沿不同路径传播后再相遇.

3. 杨氏双缝干涉实验

(1) 光强为极大、极小的条件为

$$\delta = d\sin\theta = \begin{cases} \pm(2k)\lambda/2(k=0,1,2,\cdots) & \text{极大} \\ \pm(2k+1)\lambda/2(k=0,1,2,\cdots) & \text{极小} \end{cases}$$

(2) 杨氏双缝干涉明暗条纹满足的条件为

$$x = \begin{cases} \pm k\dfrac{D}{d}\lambda(k=0,1,2,\cdots) & \text{明纹位置} \\ \pm(2k+1)\dfrac{D}{d}\dfrac{\lambda}{2}(k=0,1,2,\cdots) & \text{暗纹位置} \end{cases}$$

(3) 干涉条纹关于中央亮纹对称分布，明暗相间，相邻明纹间距＝相邻暗纹间距$=\dfrac{D\lambda}{d}$；在 D 和 d 确定的情况下，通过测量干涉条纹间距 Δx，即可测量光波波长；若用白光照射，则在中央明纹（白色）的两侧将出现彩色条纹. 颜色的排列以中央明条纹（白色）为中心由紫到红左右对称排开.

4. 洛埃镜实验

当光由光疏介质入射到光密介质在界面上发生反射时，反射光的相位发生相位 π 的突变. 相当于反射光与入射光之间减少（附加）了半个波长的波程差. 这种现象称为半波损失.

(1) 如果两束光都是从光疏到光密界面反射，（即 $n_1<n_2<n_3$ 的情况）或都是从光密到光疏界面反射，（即 $n_1>n_2>n_3$ 的情况），则两束反射光之间无附加的光程差.

(2) 如果一束光从光疏到光密界面反射，而另一束光从光密到光疏界面反射，（即 $n_1<n_2>n_3$ 或 $n_1>n_2<n_3$ 的情形），则两束反射光之间有附加的相位差 π，或者

说有附加光程差$\frac{\lambda}{2}$.

(3) 对于折射光，则任何情况下都不会有相位突变.

5. 薄膜干涉

(1) 单色光入射在肥皂膜时，产生明暗条纹的条件：

$$\delta=\begin{cases}\pm k\lambda(k=1,2,3,\cdots) & (\text{亮纹})\\ \pm(2k+1)\lambda/2(k=0,1,2,\cdots) & (\text{暗纹})\end{cases}$$

(2) 劈尖干涉产生明暗条纹的条件：

$$\delta=2ne+\lambda/2=\begin{cases}k\lambda(k=1,2,\cdots) & (\text{明纹})\\ (2k+1)\lambda/2(k=0,1,2\cdots) & (\text{暗纹})\end{cases}$$

(3) 牛顿环产生明暗条纹的条件：

$$\delta=2ne+\lambda/2=\begin{cases}k\lambda(k=1,2,\cdots) & (\text{明环})\\ (2k+1)\lambda/2(k=0,1,2,\cdots) & (\text{暗环})\end{cases}$$

6. 光的干涉的工程应用

利用光的干涉可以测量微小物体的厚度；检测待测平面的平整度；牛顿环快速检测透镜的曲率及其表面是否合格；散斑法测面内位移；莫尔条纹法测离面位移；增透膜和增反膜；利用迈克尔逊干涉仪测瓦斯的浓度等.

学完本章后，应掌握以下几个方面：

(1) 掌握以下几个概念：相干光、光矢量、光程、光程差、半波损失、等厚干涉、等倾干涉.

(2) 能够掌握产生等厚干涉和等倾干涉的实验原理，并会做一些简单计算.

(3) 能够了解光的干涉在日常生活中的应用，熟悉其在工程上的应用.

习　　题

一、思考题

1. 用白色线光源做双缝干涉实验时，若在缝 S_1 后面放一红色滤光片，S_2 后面放一绿色滤光片，问能否观察到干涉条纹？为什么？

2. 如果 S_1 和 S_2 为两个普通的独立的单色线光源，用照相机能否拍出干涉条纹照片？如果曝光时间比 10^{-8} s 短得多，是否有可能拍得干涉条纹照片？

3. 如果两束光是相干的，在两束光重叠处总光强如何计算？如果两束光是不相干的，又怎样计算？（分别以 I_1 和 I_2 表示两束光的光强）

4. 在双缝干涉实验中，

(1) 当缝间距 d 不断增大时，干涉条纹如何变化？为什么？

(2) 当缝光源 S 在平行于双缝屏面向下或向上移动时，干涉条纹如何变化？

(3) 把缝光源 S 逐渐加宽时，干涉条纹将如何变化？

5. 漂浮在水上的油膜在阳光下的为什么呈现色彩？改变角度颜色会发生变化吗？为什么？

6. 用两块玻璃片形成空气尖劈观察干涉条纹时，如果发现条纹不是平行的直条，而是弯弯曲曲的线条，试说明两玻璃片相对的两面有什么特殊之处？

7. 隐形飞机所以很难为敌方雷达发现，可能是由于飞机表面涂敷了一层介电质（如塑料或橡胶）从而使入射的雷达波反射极微. 试说明这层介电质可能是怎样减弱反射波的.

8. 简述牛顿环形成的干涉花样，反射光和透射光的干涉花样有何区别？

二、选择题

1. 如图 2-26 所示，波长为 λ 的单色平行光垂直入射到折射率为 n_2、厚度为 e 的透明介质薄膜上，薄膜上下两边透明介质的折射率分别为 n_1 和 n_3，已知，$n_1<n_2$. $n_2<n_3$，则从薄膜上下两表面反射的两光束的光程差是　　(　　)

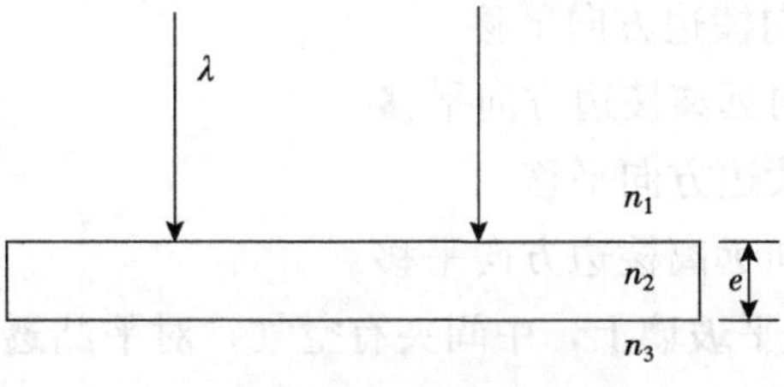

图 2-26　题 1 图

A. $2n_2e$　　B. $2n_2e+\frac{\lambda}{2}$　　C. $2n_2e-\lambda$　　D. $2n_2e+\frac{\lambda}{2n_2}$

2. 来自不同光源的两束白光，例如两束手电筒光，照射在同一区域内，是不能产生干涉花样的，这是由于　　(　　)

A. 白光是由许多不同波长的光构成的

B. 来自不同光源的光，不能具有正好相同的频率

C. 两光源发出的光强度不同

D. 两个光源是独立的，不是相干光源

3. 在双缝干涉实验中，为使屏上的干涉条纹间距变大，可以采取的办法是　　(　　)

A. 使屏靠近双缝　　B. 使两缝的间距变小

C. 把两个缝的宽度稍微调窄　　D. 改用波长较小的单色光源

4. 用劈尖干涉法可检测工件表面缺陷，当波长为 λ 的单色平行光垂直入射时，若观察到到反射光干涉条纹（实线为暗条纹）如图2-27所示．则干涉条纹上 A 点处所对应的空气薄膜厚度 e 及工件表面与条纹弯曲处对应的部分　　（　　）

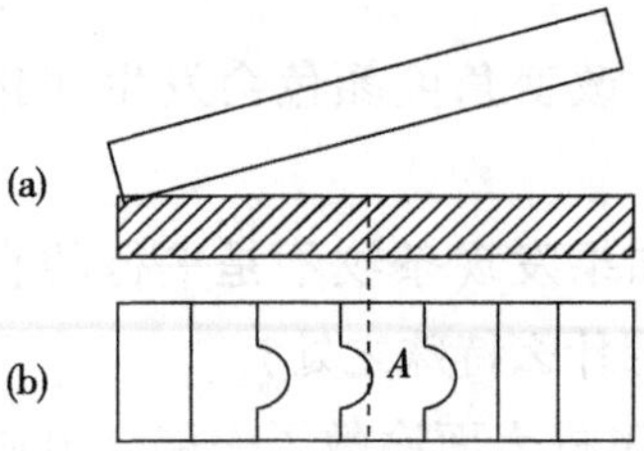

图 2-27　题 4 图

A. $e=3\lambda/2$，凸起

B. $e=\lambda/2$，凸起

C. $e=\lambda/2$，凹陷

D. $e=3\lambda/2$，凹陷

5. 用波长为 λ 的单色光垂直照射折射率为 n 的劈尖上表面．当水平坐标为 x 时，该劈尖的厚度 $e=e_0+bx$，e_0 和 b 均为常数，则劈尖表面所呈现的干涉条纹的间距应是　　（　　）

A. $\dfrac{\lambda}{2nb}$　　B. $\dfrac{n\lambda}{2b}$　　C. $\dfrac{\lambda}{2n}$　　D. $\dfrac{2\lambda}{b}$

6. 两块平板玻璃构成空气劈尖，左边为棱边，用单色平行光垂直入射．若上面的平板玻璃以棱边为轴，沿逆时针方向作微小转动，则干涉条纹的　　（　　）

A. 间隔变小，并向棱边方向平移

B. 间隔变大，并向远离棱边方向平移

C. 间隔不变，向棱边方向平移

D. 间隔变小，并向远离棱边方向平移

7. 将平凸透镜放在平玻璃上，中间夹有空气，对平凸透镜的平面垂直向下施加压力，观察反射光干涉形成的牛顿环，将发现　　（　　）

A. 牛顿环向中心收缩，中心处时明时暗交替变化

B. 牛顿环向外扩张，中心处时明时暗交替变化

C. 牛顿环向中心收缩，中心始终为暗斑

D. 牛顿环向外扩张，中心始处终为暗斑

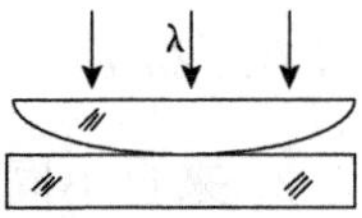

图 2-28　题 7 图

8. 在牛顿环实验中，平凸透镜和平玻璃板的折射率都是 n_1，其间原为空气，后来注满折射率为 n_2（$n_2>n_1$）的透明液体，则反射光的干涉条纹将　　（　　）

A. 变密　　B. 变疏　　C. 不变　　D. 不能确定

9. 在迈克尔逊干涉仪的一支光路中放入一片折射率为 n 的透明介质薄膜后，测出两束光的光程差的改变量为一个波长 λ，则薄膜的厚度是　　（　　）

A. $\frac{\lambda}{2}$　　B. $\frac{\lambda}{2n}$　　C. $\frac{\lambda}{n}$　　D. $\frac{\lambda}{2(n-1)}$

10. 如图所示，薄膜的折射率为 n_2，入射介质的折射率为 n_1，透射介质为 n_3，且 $n_1<n_2<n_3$，入射光线在两介质交界面的反射光线分别为（1）和（2），则产生半波损失的情况是（　）

A.（1）光产生半波损失，（2）光不产生半波损失

B.（1）光（2）光都产生半波损失

C.（1）光（2）光都不产生半波损失

D.（1）光不产生半波损失，（2）光产生半波损失

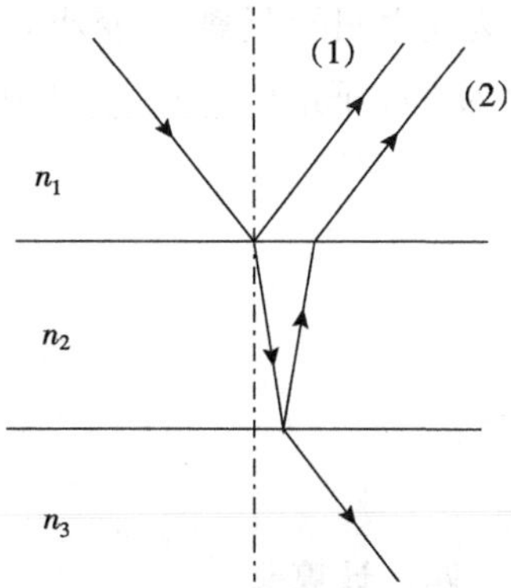

图 2-29　题 10 图

三、填空题

1. 波长为 λ 的单色光在折射率为 n 的媒质中，由 a 点传到 b 点相位改变了 π，则对应的光程差为________.

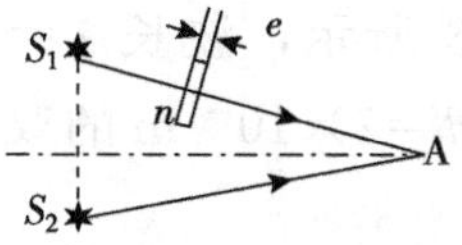

图 2-30　题 2 图

2. 如图 2-30 所示，假设有两个同相的相干点光源 S_1 和 S_2，发出波长为 λ 的光. A 是它们连线的中垂线上一点. 若在 S_1 与 A 之间插入厚度为 e，折射率为 n 的薄玻璃片，则两光源发出的光在 A 点的相位差 $\Delta\varphi=$________.

3. 在双缝干涉实验中，两缝分别被折射率为 n_1 和 n_2 的透明薄膜遮盖，二者的厚度均为 e，波长为 λ 的平行单色光垂直照射到双缝上，在屏中央处，两束相干光的相位差 $\Delta\varphi=$________.

4. 真空中波长为 500nm 绿光在折射率为 1.5 的介质中从 A 点传播到 B 点时，相位改变 5π，则光从 A 点传到 B 点经过的光程为________.

5. 在双缝干涉实验中，用白光照射时，明纹会出现彩色条纹，明纹内侧呈________色.

6. 如图 2-31 所示，S_1、S_2 为双缝，S 是单色缝光源，当 S 沿平行于 S_1 和 S_2 的连线向上作微小移动时，中央明条纹向________移动.

图 2-31　题 6 图

7. 在洛埃镜干涉装置中，平面镜与屏交界处的干涉条纹应为________条纹.

8. 在照相机镜头的玻璃片上均匀镀有一层折射率 n 小于玻璃的介质薄膜，以增强某一波长 λ 的透射光能量. 假设光线垂直入射，则介质膜的最小厚度应为________.

9. 如图 2-32 所示，两个直径有微小差别的彼此平行的滚柱之间的距离为 L，夹在两块平晶的中间，形成空气劈尖，当单色光垂直入射时，产生等厚干涉条纹，如果滚柱之间的距离 L 变小，则在 L 范围内干涉条纹的数目________（填“变”或“不变”），间距________（填“变大”或“变小”）.

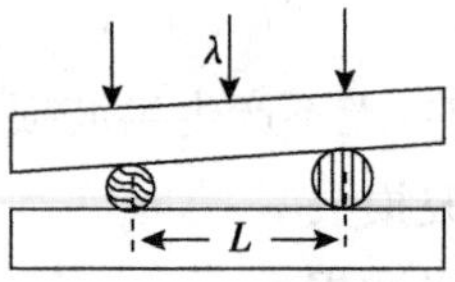

图 2-32　题 9 图

四、计算题

1. 用白光照射杨氏双缝，已知 $d=1.0$mm，$D=1.0$m，设屏无限大. 求：(1) $\lambda=500$nm 的光的第四级明纹位置及明纹间距；(2) $\lambda=600$nm 的光理论上在屏上可呈现的最大级数；(3) $\lambda_1=500$nm 和 $\lambda_2=600$nm 的光在屏上什么位置开始发生重叠？

2. 在双缝干涉实验中，如图 2-33 所示，波长 $\lambda=55$nm 的单色平行光垂直入射到缝间距 $d=2\times10^{-4}$ m 的双缝上，屏到双缝的距离 $D=2$m. 求：

(1) 中央明纹两侧的两条第 10 级明纹中心的间距；

(2) 用一厚度为 $e=6.6\times10^{-6}$ m、折射率为 $n=1.58$ 的云母片覆盖一缝后，零级明纹将移到原来的第几级明纹处？

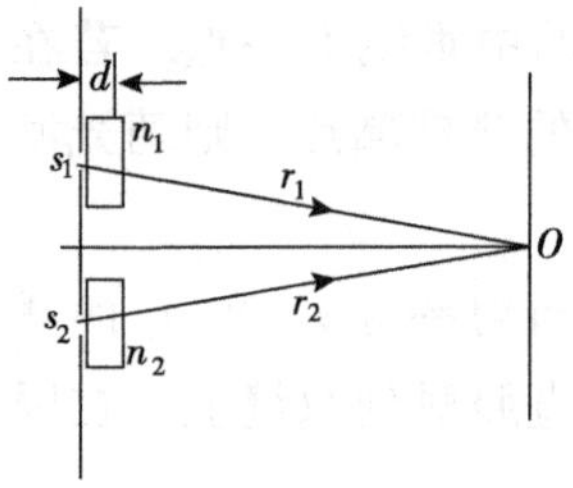

图 2-33　题 2 图

3. 在制造半导体元件时，常常需要在硅片（Si）上均匀涂上一层二氧化硅（SiO_2）薄膜. 已知 SiO_2 的折射率为 $n_2=1.5$，Si 的折射率为 $n_3=3.4$. 在白光（400～760nm）照射下，垂直方向上发现反射光中只有 420nm 的紫光和 630nm 的红光得到加强.

(1) 求二氧化硅（SiO_2）薄膜的厚度；

(2) 问在反射光方向上哪些波长的光因干涉而相消；

(3) 如在与薄膜法线成 30°角的方向上观察，白光中哪些颜色的光加强了？

(4) 在与薄膜法线成 30°角的方向上观察，反射光加强的条件有哪些？

4. 一平面单色光垂直照射在厚度均匀的油膜（折射率为 1.30）上，油膜覆盖在玻璃板（折射率为 1.50）上. 若单色光的波长可由光源连续可调，可观察到 500nm 和 700nm 这两个波长的光在反射中消失，而这两波长之间无别的波长发生相消，求此油膜的厚度.

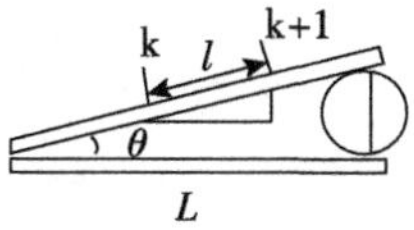

图 2-34　题 5 图

5. 两块平板玻璃构成一空气劈尖，长 $L=4\text{cm}$，一端夹住一金属丝，如图 2-34 所示，现以波长 $\lambda=589\text{nm}$ 的钠光垂直入射.

(1) 若观察到相邻明纹（或暗纹）间距 $l=0.1\text{mm}$，求金属丝的直径 d 为多少?

(2) 将金属丝通电，受热膨胀，直径增大，此时，从劈尖中部的固定点观察，发现干涉条纹向左移动了 2 条，问金属丝的直径膨胀了多少?

6. 如图 2-35 所示，波长为 500nm 的单色光垂直照射到由两块光学平板玻璃构成的空气劈尖上，在反射光中观察，距劈尖棱边 $l=1.56\text{cm}$ 的 A 处是第四条暗条纹中心.

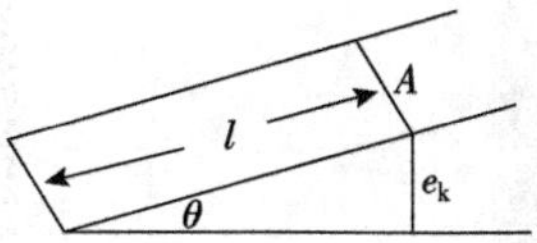

图 2-35　题 6 图

(1) 求此空气劈尖的劈尖角 θ;

(2) 改用 $\lambda_2=600\text{nm}$ 的单色光垂直照射此劈尖，仍在反射光中观察，A 处是明条纹还是暗条纹? 从棱边到 A 处的范围内共有几条明纹? 几条暗纹?

7. (1) 当迈克尔逊干涉仪的反射镜 M_1 移动距离 $d=0.3220\text{mm}$ 时，测得某单色光的干涉条纹移过 $N=1024$ 条，试求该单色光的波长.

(2) 当在迈克尔逊干涉仪任一臂的光路中插入一薄玻璃片时，可观察到有 150 条干涉条纹向一方移过. 若玻璃片的折射率 $n=1.632$，所用单色光的波长 $\lambda=500\text{nm}$，求玻璃片的厚度 e.

第三章　光的衍射和偏振

本章将介绍光的衍射和光的偏振，它们都是光波所具有的特性.

其实，人和动物的视觉中都比较容易观察到光的衍射和偏振现象. 人眼由于瞳孔对光的限制作用易观察到光的衍射现象，如夜间观看远处灯光呈现辐射状光芒；而蜜蜂的眼睛则对光的偏振很敏感，这是由于蜜蜂的眼睛与人的眼睛结构完全不同，它有五支眼，即三支单眼、两支复眼，每支复眼又包含有几千个小眼，这些小眼为精致的六角形组成，只有与小眼轴线平行的光线才能透过而到达其视网膜，故对光的偏振敏感. 蜜蜂就是利用天空反射的太阳偏振光束来确定方位，从而准确无误地把同伴引到它所找到的花丛处.

§3.1 光的衍射现象 惠更斯-菲涅耳原理

3.1.1 光的衍射现象

光在传播过程中遇到障碍物时，将偏离直线而绕过其边缘前进，且之后的空间光强产生不均匀分布的现象称为**光的衍射现象**，若在障碍物后的空间放置观察屏则将看到明暗相间的条纹，叫做衍射图样．光的衍射现象是光具有波动性的又一表征．

可通过如图 3-1 所示的实验，观察光的衍射现象．单色点光源 S 发出的光透过一个圆孔 G 照射到屏幕 H 上．逐渐缩小圆孔的孔径时将观察到：孔径足够大时，在屏幕上看到一个边缘清晰的均匀光斑，光斑大小就是圆孔的几何投影，如图 3-1（a）所示；随着孔径逐渐减小，光斑也相应地变小变模糊且在边缘外面产生若干明暗相间的同心圆环，此后孔径再继续变小，光斑及圆环不但不会随着圆孔孔径变小而变小，反而会增大，如图 3-1（b）所示，这就是光的衍射图样．此外，若再移动屏幕 H，改变它与圆孔 G 的距离，同心圆环的衍射图样中心并非总是保持明斑而会明暗交替的变化．

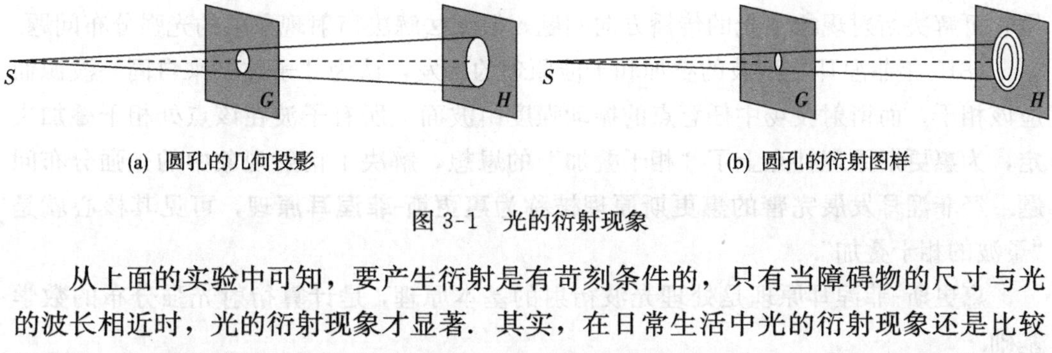

(a) 圆孔的几何投影　　(b) 圆孔的衍射图样

图 3-1 光的衍射现象

从上面的实验中可知，要产生衍射是有苛刻条件的，只有当障碍物的尺寸与光的波长相近时，光的衍射现象才显著．其实，在日常生活中光的衍射现象还是比较常见的，如眯缝着眼看远处发光点时，就会看到向上向下发出光芒，这就是光在视网膜上的衍射图样产生的感觉；五指并拢且指缝与日光灯平行，透过指缝也会看到淡彩色的明暗相间的衍射条纹图样．

在衍射装置中，有三个重要的组成部分：光源、衍射物（即孔、缝或针、板等障碍物）和观察屏．根据观察的方式不同，常把光的衍射分为**菲涅耳衍射**和**夫琅禾费衍射**两类．在衍射装置中，若光源和观察屏（或二者之一）到衍射物的距离为有限远的衍射，称为菲涅耳衍射，如图 3-2（a）所示，其实前述图 3-1 的衍射实验即属菲涅耳衍射；若光源和观察屏二者到衍射物的距离皆为无限远的衍射，称为夫琅禾费衍射，如图 3-2（b）所示．在实际观察中，通常是在衍射物前后各放置一凸透镜，再在其焦平面上放置光源和观察屏，这样就将它们推到无穷远，实现了夫琅禾费衍射. 夫琅禾费衍射可以看成是菲涅耳衍射的一种极限情形，这种衍射在数学处理上比较简单，且有许多重要的实际应用，本章后面将对它作深入讨论.

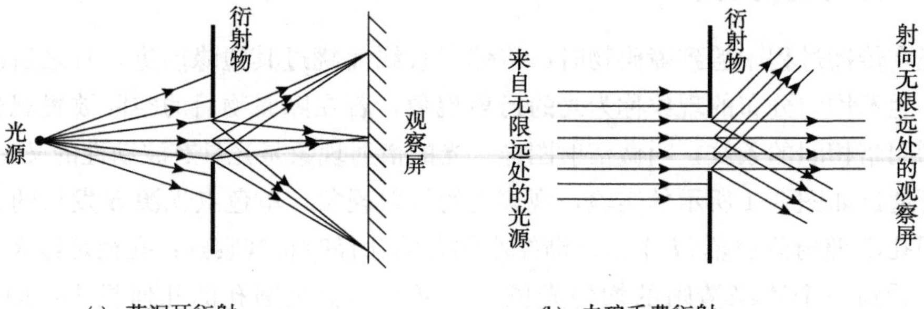

(a) 菲涅耳衍射　　(b) 夫琅禾费衍射

图 3-2　衍射分类

3.1.2　惠更斯-菲涅耳原理

1678 年惠更斯提出了“子波”理论，即认为波面上的任意点都可以看作是新的振动中心，它们发出球面子波，称为惠更斯原理. 它把光的传播归结为波面的传播，用它可解决衍射现象中光的传播方向问题，但无法解决衍射现象中的光强分布问题.

1815 年菲涅耳受到波的叠加和干涉原理的启发，认为“子波”来自同一波源而应该相干，而衍射波场中任意点的振动强度由波面上所有子波在该点处相干叠加决定，为惠更斯原理补充上了“相干叠加”的思想，解决了衍射现象中的光强分布问题. 经菲涅耳发展完善的惠更斯原理被称为**惠更斯-菲涅耳原理**，可见其核心就是“子波的相干叠加”.

惠更斯-菲涅耳原理是处理光波衍射的基本原理，是计算衍射光强分布的数学基础.

最后，对光的干涉和衍射做个比较. 它们都是光波波动所特有的属性，都是波场相干叠加的结果，所以本质上并无区别. 只是在处理上，干涉是有限束光波的相干叠加而衍射是无限多个子波的相干叠加，即处理上存在“有限”与“无限”的区别. 当然，要说不同应反映在所讨论的问题有别，前者讨论的是光波传播过程中“个体”光波遇到另一“个体”光波时相互间怎样产生“干预”的问题，而后者讨论的是“个体”光波遇到障碍物时自个各部分如何“绕过”障碍物传播的问题.

§ 3.2　单缝衍射　衍射光栅

3.2.1　透镜的等光程性

在光波观察装置中经常要用到薄透镜，那么光通过薄透镜时会不会引起附加的光程差呢？下面通过如图 3-3（a）所示的实验进行分析，平行光束通过透镜将在焦平面上会聚成一亮点 F. 考查某时刻开始平行光束从波面 AE 出发，如图中 A、B、C、D、E 各点发出光线，经过透镜后同时到达 F 点，这些光线发自同一波面故出发时相位相同，F 为亮点则说明是相长叠加故会聚时相位也相同，所以从波面 AE 到会聚点 F，各光线间无光程差，亦即它们光程都相等，这也就说明存在于波面 AE 与会聚点 F 之间的透镜没有引起附加的光程差，称此为**透镜的等光程性**.

可以用光程概念去解释这一性质，虽然沿 AaF 经过的光比沿 CcF 的几何路程长，但是沿 CcF 的光在透镜中经过的路程要比沿 AaF 的长，由于透镜的折射率比空气的大，因此折算成光程后，AaF 的光程与 CcF 的光程相等，其他条光线也类似. 因此，使用透镜只改变光线的传播方向，而不会引起附加光程差. 事实上，存在于波面、物点、像点两两间的透镜都具等光程性，所以在计算光程差时不必再考虑透镜带来的光程差. 图 3-3（b）和（c）所示为其他一些常用的透镜等光程光路.

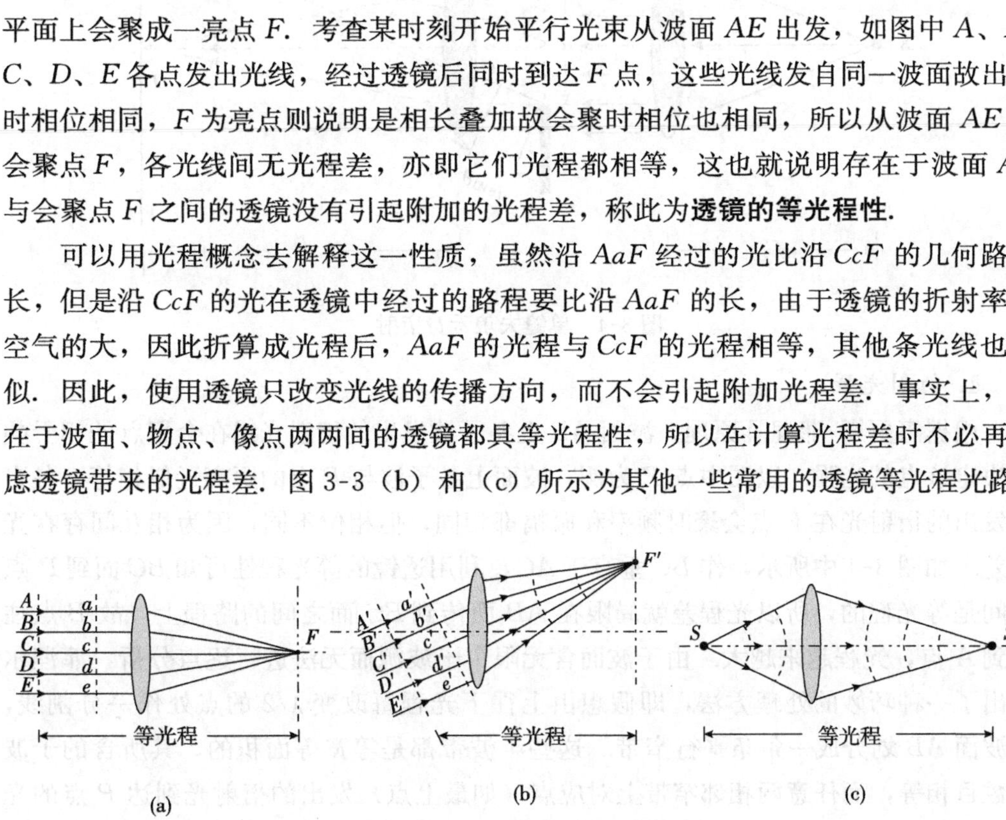

图 3-3　透镜的等光程性

3.2.2　单缝衍射

装置如图 3-4 所示，单色线光源 S 经透镜 L' 产生的平行光束入射到一宽度为 a 的狭缝 G 上，透过狭缝的波面 AB 上每一点作为球面子波源，向前发出无穷多的光线，这些光线称为衍射光线，每个可能的方向都有，因而各子波源发出的光线相互间形成了一簇簇平行光. 衍射光线与单缝平面法线间的夹角 θ 称为衍射角. 这一簇簇不同衍射角的平行光由透镜 L 会聚于其焦平面上不同点处，通过置于焦平面的观

察屏 H 上即可观察到衍射图样. 由于光源 S 和观察屏 H 距离单缝 G 都为无限远，故单缝衍射属于夫琅禾费衍射.

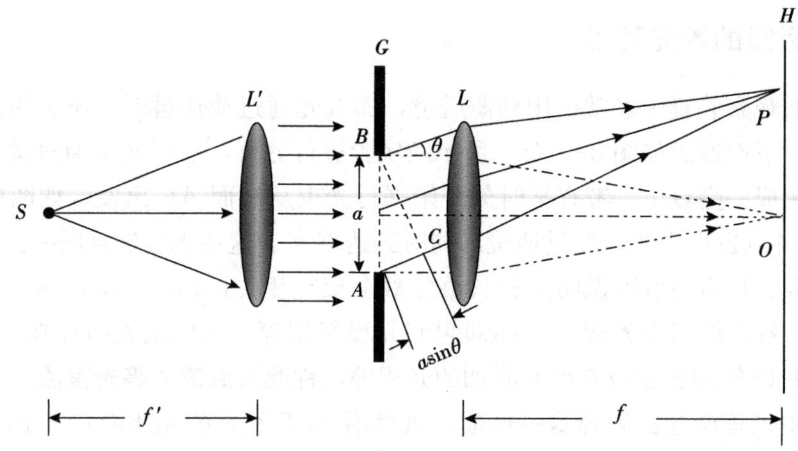

图 3-4 单缝夫琅禾费衍射

1. 衍射光强

根据惠更斯-菲涅耳原理，波面 AB 上各子波发出的衍射光线在会聚点处相干叠加决定该点的光强. 以图中点 P 为例，波面上各子波与 P 点的距离近似相等，各自所发出的衍射光在 P 点会聚时频率和振幅都相同，但相位不同，因为相互间存在光程差. 如图 3-4 中所示，作 BC 垂直于 AC，利用透镜的等光程性可知 BC 面到 P 点之间是等光程的，所以光程差就局限在 AB 面传到 BC 面之间的路程上，故 B 点往下到 A 点，光程越来越大. 由于波面含无限个子波源而无法进行逐点分析，菲涅尔提出了一种巧妙的处理方法，即假想由上往下光程每改变 $\lambda/2$ 的点处作一分割线，将波面 AB 划分成一条条平行窄带. 这些半波带都是等宽等面积的，其所含的子波源数目相等，而任意两相邻窄带上对应点（如最上点）发出的衍射光到达 P 点的光程差都为 $\lambda/2$，即相位差为 π，故相干叠加后两窄带的衍射光彼此完全抵消. 这些窄带称为**半波带**（half wave zone），利用半波带对衍射光强进行分析的方法称为**半波带法**（half wave zone method）.

会聚于 P 点的平行光束间最大光程差为 $AC=a\sin\theta$，所以波面 AB 上能划分的半波带个数为

$$N=\frac{a\sin\theta}{\lambda/2} \tag{3-1}$$

可见，当缝宽 a 和光波长 λ 一定时，波面 AB 上划分得的半波带个数和大小与衍射角 θ 有关，衍射角大，半波带个数多而面积小. 半波带个数 N 可能为：0 个、

偶数个、奇数个、非整数个，下面分别对这四种情况进行讨论：

若半波带数为 0 个，如图 3-5（a）所示，亦即图 3-4 中点虚线所示的会聚于 O 点的平行光束情况．则可知 $\theta=0$，表示各衍射光间无光程差，在会聚点处各衍射光相位相同，相干叠加时波面上所有子波的光都有贡献，故此处光强是最大的，考虑到衍射图样具有对称性，称此处为中央明纹中心．

若半波带数为偶数个，如图 3-5（b）所示．则会聚点处相干叠加时相邻波带会逐对相消，所以全部波带的光被完全抵消，会聚点处为暗纹中心．

若所示半波带数为奇数个，如图 3-5（c）所示．则会聚点处全部波带的光相干叠加时经相邻逐对相消后，还剩一个波带的光没有被抵消，故会聚点处呈亮纹中心．而且，对应于 θ 越大的衍射光划分得的半波带面积越小，其会聚点处光强越小．

若半波带数为非整数个，如图 3-5（d）所示．则至少不足整数的那部分波带的光不能被抵消，所以会聚点处光强介入前述的明暗纹之间．

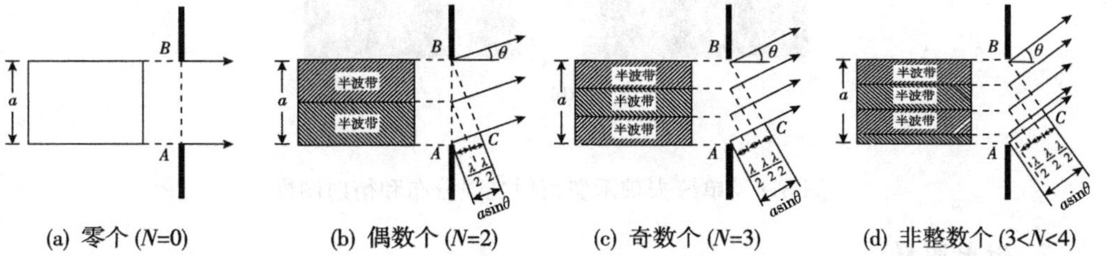

图 3-5　半波带

综上所述，利用公式（3-1），可将单缝夫琅禾费衍射形成明暗纹的条件表示为：

$$a\sin\theta=\begin{cases}0 & \text{（中央明纹中心）}\\ 2k\dfrac{\lambda}{2} & \text{（暗纹中心）（其中 } k=\pm 1,\pm 2,\pm 3,\cdots\text{）}\\ (2k+1)\dfrac{\lambda}{2} & \text{（明纹中心）}\end{cases} \tag{3-2}$$

式中，k 表示级数；"$\pm$"表示明暗纹对称分布于中央明纹两侧，故中央明纹也可称为零级明纹．对公式（3-2）中的中央明纹中心和暗纹中心条件关系式要牢记，它们经常会被用到．至于其他级次的明纹中心条件关系式则不用重视，因为它给出的结果与实际是有一定偏差的．

实际的单缝夫琅禾费衍射光强分布曲线如图 3-6（a）所示，光强分布并不均匀，中央明纹光强最大，其他明纹光强随级次的增大而迅速下降．

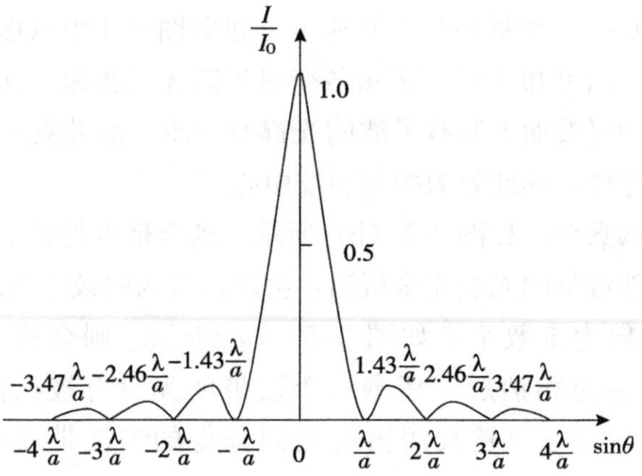

(a)

(b)

图 3-6　单缝夫琅禾费衍射光强分布和衍射图样

2. 衍射图样

衍射图样如图 3-6（b）所示，呈一条条与单缝平行、对称分布、明暗相间的直条纹.

1）明纹宽度

相邻暗纹中心之间的距离称为明纹宽度. 中央明纹宽度为±1 级暗纹中心之间的距离，其角宽度为

$$\Delta\theta_{中央}=\theta_{+1}-\theta_{-1}\approx\sin\theta_{+1}-\sin\theta_{-1}=\frac{\lambda}{a}-\left(-\frac{\lambda}{a}\right)=2\,\frac{\lambda}{a} \tag{3-3}$$

而第 k 级次的明纹角宽度则为

$$\Delta\theta_k=\theta_{k+1}-\theta_k\approx\sin\theta_{k+1}-\sin\theta_k=(k+1)\,\frac{\lambda}{a}-k\,\frac{\lambda}{a}=\frac{\lambda}{a} \tag{3-4}$$

可见，中央明纹的宽度近似是其他明纹宽度的两倍.

在图 3-4 中，取 O 为坐标原点，向上为 x 轴，则中央明纹在观察屏上的线宽度为

$$\Delta x = 2f\tan\theta \approx 2f\sin\theta = 2f\,\frac{\lambda}{a} \tag{3-5}$$

其中，f 为透镜 L 的焦距．上式表明，中央明纹的宽度反比于缝宽，这一关系称为衍射反比律．

2）影响衍射图样的因素

缝宽 a 的大小会对衍射图样产生影响．公式（3-5）表明：λ 一定时，缝窄则衍射条纹宽，衍射效应明显，反之，缝宽则衍射效应不明显．更普适的结论是：障碍物对光波的限制程度越大，扩展现象越明显；在何方向受限，就在何方向扩展．光源波长 λ 也对衍射图样有影响．缝宽 a 固定时，λ 大的衍射条纹就宽，衍射效应越明显．

最后，对缝宽 a 和光源波长 λ 作个综合分析．当 a 与 λ 可比拟时，产生衍射图样；而当缝宽 $a \gg \lambda$ 时，所有级次条纹向中心靠拢，密集得无法分辨，只显单一亮纹，即只能看到光源经透镜形成的几何像．所以，以光沿直线传播为基础的几何光学是波动光学在 $\frac{\lambda}{a} \to 0$ 时的极限情形．

例 3-1　一单色平行光束垂直照射在宽为 1.0mm 的单缝上，在缝后放一焦距为 2.0m 的会聚透镜．已知位于透镜焦面处的屏幕上的中央明条纹宽度为 2.5mm，求入射光的波长．

解　中央明条纹宽度 $\Delta x = 2f\,\frac{\lambda}{a}$，可得

$$\lambda = \frac{a\Delta x}{2f} = \frac{1.0\times10^{-3}\times2.5\times10^{-3}}{2\times2.0}\text{m} = 625\text{nm}$$

例 3-2　波长为 500nm 的单色光平行光垂直照射到宽为 0.25mm 的单缝上，单缝后放置一凸透镜观测衍射条纹，如果幕上中央条纹两旁第三个暗条纹之间的距离为 3mm，则透镜的焦距为多少？

解　第 k 级暗纹的角位置满足 $a\sin\theta = k\lambda$．由于衍射角很小，故衍射角为 $\theta \approx \frac{k\lambda}{a}$．因而，第 $+3$ 和第 -3 个暗纹之间的线距离为 $\Delta x \approx f(\theta_{+3} - \theta_{-3}) = \frac{6f\lambda}{a}$，则可得透镜的焦距为

$$f = \frac{a\Delta x}{6\lambda} = \frac{0.25\times10^{-3}\times3\times10^{-3}}{6\times500\times10^{-9}}\text{m} = 25\text{cm}$$

利用衍射可实现对一些光学参数的测量，如波长等．但是，根据前述的单缝衍

射特点，由于条纹有一定宽度，这样会带来测量误差. 当然，通过减小缝宽使条纹间距变宽则可减小测量误差，但是条纹亮度又变暗了，也不便测量. 俨然，这是一对矛盾！能否使条纹分得较开又有足够清晰度呢？于是想到了增加缝的数目，这就是衍射光栅，下面我们就介绍这种光学元件的特性.

3.2.3 衍射光栅

1. 光栅结构

大量等间距、等宽度的狭缝构成的分光元件叫做光栅（grating），它是一种重要的光学元件. 光栅大致分为利用透射光衍射的透射光栅和利用反射光衍射的反射光栅两种. 如图 3-7（a）所示，在很平的玻璃上用金刚石或电子束刻出一系列等宽、等距的刻痕. 刻痕处因漫反射而不透光，而未刻划的部分相当于透光的狭缝，这样就做成了透射光栅. 如图 3-7（b）所示，在光洁度很高的金属表面刻划一系列等间距的平行细槽，细槽由于漫反射而不透光、光洁度很高的金属反射光则相当于狭缝，这样就做成了反射光栅.

(a) 透射光栅　　(b) 反射光栅

图 3-7　光栅的结构

将光栅上透光狭缝的宽度 a 和缝间不透光部分的宽度 b 之和称为光栅常数 d（即 $d=a+b$），它反映了光栅结构上的空间周期性. 光栅常数 d 和光栅缝数 N 是光栅的两个重要特性参数. 通常，光栅上每毫米内有几十条乃至上千条刻痕.

2. 光栅衍射

如图 3-8 所示，以透射光栅为例，平行单色光入射到光栅上，其上的每条狭缝在透镜焦平面上都要产生各自的一组夫琅禾费单缝衍射图样，如图 3-9（a）所示. 不同狭缝产生的衍射图样经透镜会聚后是完全重叠的，而各条缝发出的衍射光都是相干光，故在会聚点又产生多缝干涉，如图 3-9（b）所示. 所以，光栅衍射是单缝衍射基础上的多缝干涉，综合效果就是多缝干涉受到单缝衍射的调制，衍射图样如

图 3-9（c）所示.

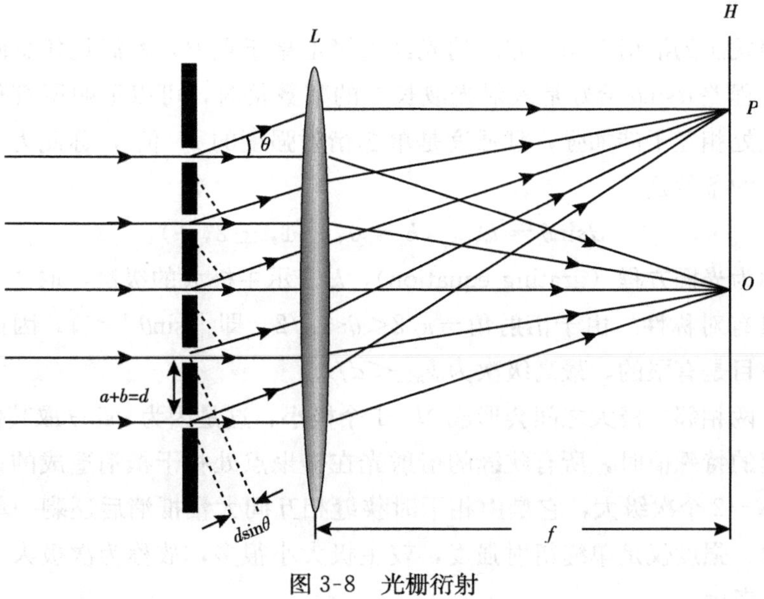

图 3-8　光栅衍射

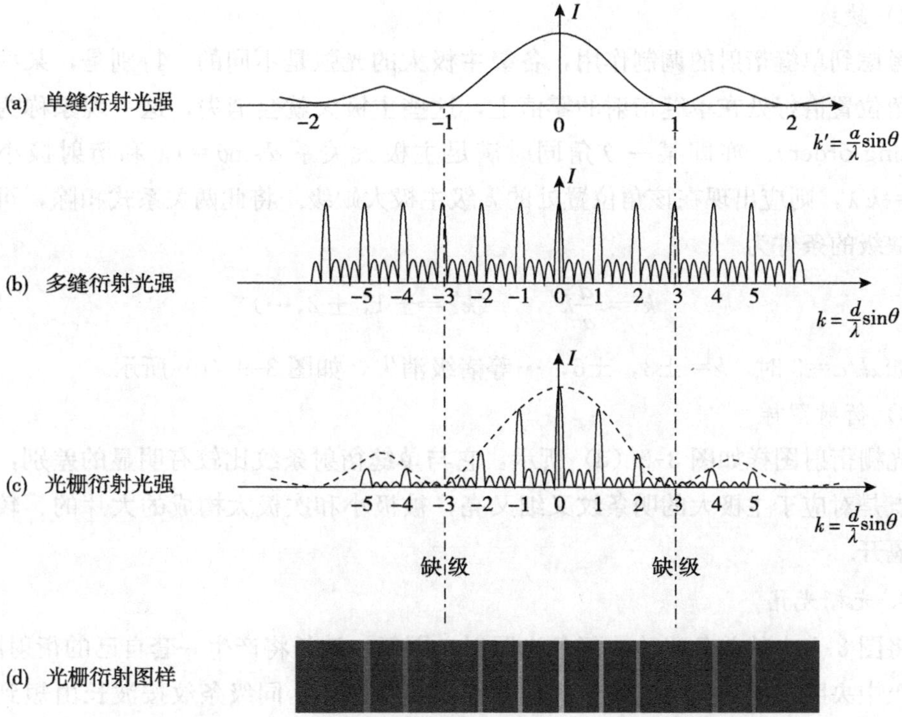

图 3-9　光栅衍射光强分布和光栅衍射图样（$N=5$）

光栅衍射具有如下一些特点：

1）主极大

设狭缝发出的沿衍射角 θ 方向的光经透镜汇聚于点 P，若满足任意两相邻狭缝对应点的光程差 $d\sin\theta$ 恰好是入射光波长 λ 的整数倍时，可以证明所有狭缝的衍射光在会聚点处相互干涉加强，且强度是单缝衍射强度的 N^2 倍，称此为主极大. 故产生主极大的条件是

$$d\sin\theta = k\lambda \quad (k = 0, \pm 1, \pm 2, \cdots) \tag{3-6}$$

上式称为**光栅方程**（grating equation），k 表示主极大的级次，取“±”是由于级次分布具有对称性. 由于衍射角 $-\pi/2<\theta<\pi/2$，即 $|\sin\theta|<1$，因而能观察到的主极大数目是有限的，最高级次为 $k_{max}<d/\lambda$.

此外，两相邻主极大之间会形成 $N-1$ 个极小，这是因为 $d\sin\theta$ 取其他一些不满足光栅方程的特殊值时，所有狭缝的衍射光在会聚点处相干抵消造成的；两相邻极小之间有 $N-2$ 个次级大，它是由相干时狭缝相互间大量抵消后还剩一单缝的光没被抵消所致，强度仅是单缝衍射强度，较主极大小很多，故称为次极大，实际处理中一般不予考虑.

2）缺级

考虑到单缝衍射的调制作用，各级主极大的光强是不同的. 特别是，某些主极大的角位置恰好处在单缝衍射的零值上，这些主极大就会消失，这一现象称为**缺级**（missing order）. 亦即某一 θ 角同时满足主极大关系 $d\sin\theta=k\lambda$ 和衍射极小关系 $a\sin\theta=k'\lambda$，则应出现在该角位置处的 k 级主极大缺级. 将此两关系式相除，可推得产生缺级的条件为

$$k = \frac{d}{a}k' \qquad (k' = \pm 1, \pm 2, \cdots) \tag{3-7}$$

如 $d/a=3$ 时，$k=\pm 3$，± 6，…等诸级消失，如图 3-9（c）所示.

3）衍射图样

光栅衍射图样如图 3-9（d）所示，它与单缝衍射条纹比较有明显的差别，其主要特点是对应于主极大的明条纹又细又亮，被极小和次极大构成的大片的、较暗的背景隔开.

3. 光栅光谱

将图 3-8 中的单色光改为复色光照射，因每一波长将产生一套自己的衍射图样，除零级中央明纹重合呈白光外，其他各级分布在两侧，同级条纹按波长由短到长的次序分开排列，这种按波长排列的谱线称为**光栅光谱**（grating spectrum）. 可见，光栅是一种重要的分光元件，能把复色光分成单色光. 但是也要注意到，从某相邻

较高级次谱线间开始可能发生重叠，之后无法再分开，如图 3-10 中所示的第二级和第三级光谱间.

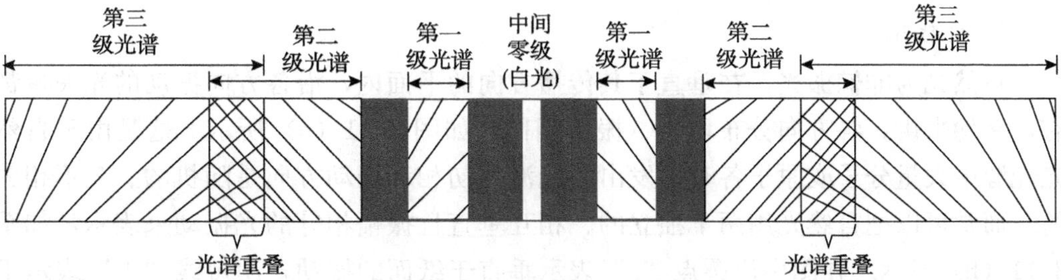

图 3-10 光栅光谱

例 3-3 波长为 600nm 的单色光垂直入射在一光栅上，第二级明条纹出现在 $\sin\theta=0.20$ 处，第四级缺级. 求：(1) 光栅常数 $d=(a+b)$；(2) 光栅上狭缝可能的最小宽度 a；(3) 按上述选定的 a、b 值，试问在光屏上可能观察到的全部级数是多少？

解 (1) 根据光栅方程，对第二级明条纹有 $d\sin\theta=2\lambda$，故光栅常数为

$$d=\frac{2\lambda}{\sin\theta}=\frac{2\times 600\times 10^{-9}}{0.2}\text{m}=6\times 10^{-4}\text{cm}$$

(2) 由缺级条件 $k=\frac{d}{a}k'$ 可得 $a=\frac{d}{k}k'$，令 $k'=1$，则最小宽度为

$$a=\frac{d}{k}k'=\frac{6\times 10^{-4}}{4}\times 1\text{cm}=1.5\times 10^{-4}\text{cm}$$

(3) 根据光栅方程可观察到的最高级次为 $k_{\max}<\frac{d}{\lambda}$，可得 $k_{\max}=9$，考虑到缺级 $k=\frac{d}{a}k'$ ($k'=\pm1, \pm2$)，即缺 $k=\pm4, \pm8$，故在光屏上可能观察到的全部级数是：0、±1、±2、±3、±5、±6、±7、±9，共 15 条明条纹.

§3.3 光的偏振

3.3.1 自然光和偏振光

光的干涉和衍射现象显示了光的波动性，而光的偏振现象揭示了光是横波，为光的电磁波本性提供了进一步的证据. 大量实验证明，光引起探测元件响应的主要是其电场矢量，所以称电场矢量为**光矢量**，光矢量振动方向总是和光的传播方向垂

直. 但是，在垂直于光传播方向的平面内，光矢量还可能有各种不同的振动状态. 我们把光矢量的振动方向对于光传播方向的不对称性称为**光的偏振**（polarization of light）.

1. 自然光

自然光为**非偏振光**，在垂直于其传播方向的平面内，沿各方向振动的光矢量都有，平均来讲，各方向分布均匀、振幅相同，如图 3-11（a）所示. 这是由于自然光光源中大量分子或原子各时刻发出的光波列初相和振动方向是随机的、互不相关的. 通常可以把自然光用两个独立的、相互垂直且振幅相等的光振动来表示，如图 3-11（b）所示. 在图中用圆点“.”表示垂直于纸面的振动，用短线“|”表示平行于纸面的振动，圆点与短线数量相等、分布均匀表示这两个相互垂直的光振动的振幅相等、光强相等，因此这两个光振动各具有自然光总能量的一半.

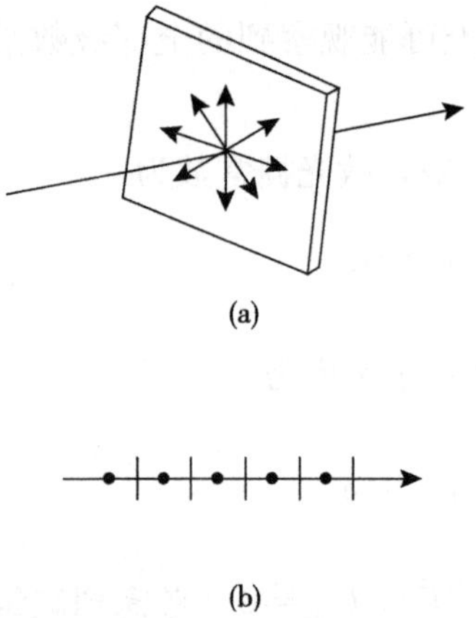

图 3-11　自然光

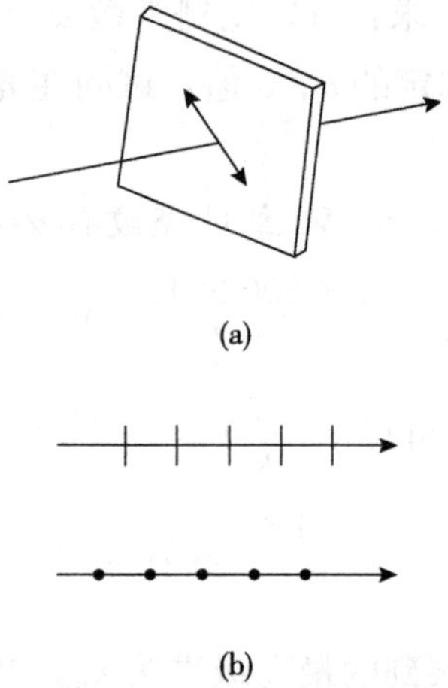

图 3-12　线偏振光

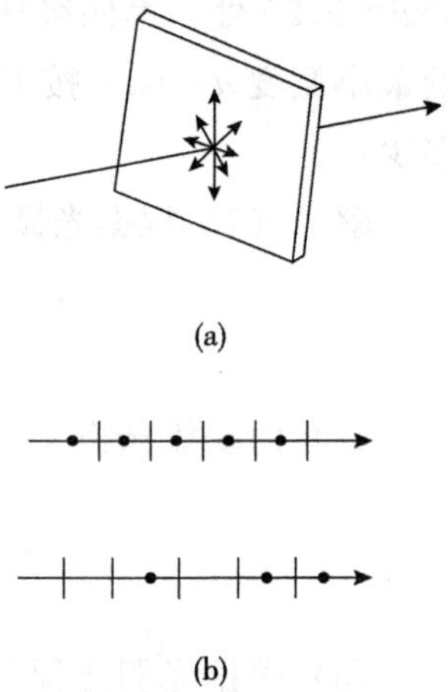

图 3-13　部分偏振光

2. 偏振光

偏振光又分为**完全偏振光**和**部分偏振光**.

在垂直于其传播方向的平面内，如果光矢量只在一个固定的方向振动，称这种光为**线偏振光**，由于其光矢量始终固定的保持在振动方向与传播方向构成的平面内，故又称为平面偏振光，如图 3-12 所示，线偏振光属于完全偏振光. 此外，在垂直于光传播方向的平面内，光矢量末端做椭圆或圆周运动，这样的光分别称为**椭圆偏振光**和**圆偏振光**，可由线偏振光再加上其他光学器件（如$\frac{1}{4}$波片）得到，属于完全偏振光，而且还分为左旋或右旋情况. 这里对它们不作详细介绍.

若光线中某一方向的光振动比与它垂直方向的光振动强，这种光称为部分偏振光，如图 3-13 所示．部分偏振光可以看做是自然光和完全偏振光的混合．

3.3.2　马吕斯定律

1. 起偏和检偏

获得偏振光的过程称为**起偏**，产生起偏作用的光学元件称为起偏器；检验偏振光的过程称为**检偏**，产生检偏作用的光学元件称为检偏器．**偏振片**（polaroid）是一种常用的起偏器和检偏器，它由某种晶体按一定方式涂布在一层透明基片上制成，它只让沿某个方向振动的光矢量或光矢量在该方向的分量透过，这个方向称为偏振片的偏振化方向或透振方向，而与此方向相垂直的振动被偏振片强烈吸收．

实现起偏和检偏的光路如图 3-14 所示，自然光通过偏振片 P_1 后获得线偏振光，P_1 为起偏作用；再让该线偏振光通过偏振片 P_2，通过旋转 P_2 一周，应观察到出射光强变化情况为“两次最亮、两次消光”，P_2 为检偏作用．

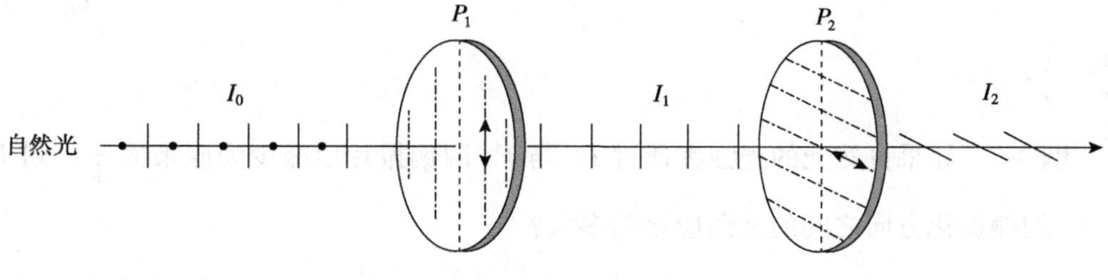

图 3-14　起偏和检偏

2. 马吕斯定律

1809 年马吕斯在研究线偏振光通过检偏器的透射光强时发现，如果入射线偏振光的光强为 I_0，则透射光强（不计检偏器对透射光的吸收）为

$$I = I_0\cos^2\alpha \tag{3-8}$$

其中，α 为检偏器的偏振化方向和入射线偏振光的光矢量振动方向之间的夹角，这就是**马吕斯定律**．

利用偏振片的特性可证明马吕斯定律．如图 3-15 所示，设入射线偏振光光矢量的振幅为 E_0，只有平行于检偏器透振方向的振动分量 $E_0\cos\alpha$ 可以通过，因而透射光强 $I=（E_0\cos\alpha)^2=I_0\cos^2\alpha$.

应用马吕斯定律可解释图 3-15 中的出射光强变化情况：旋转一周中，当 P_2 和 P_1 的透振方向垂直（90°和 270°）时出现“消光”，当 P_2 和 P_1 的透振方向平行（0°和 180°）时出现“最亮”，且都各有两种情况．

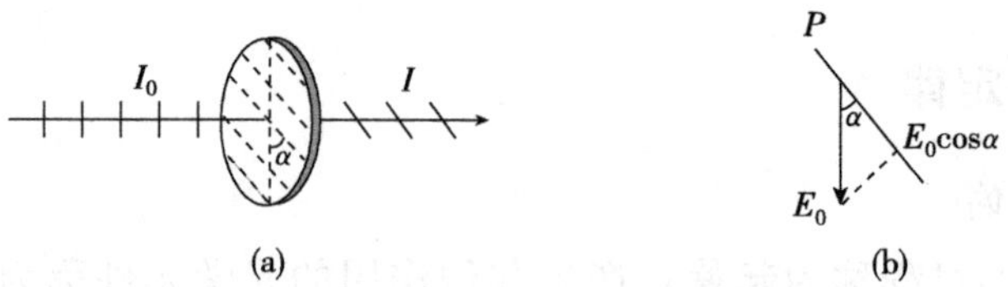

图 3-15　马吕斯定律

例 3-4　一束自然光和线偏振光组成的混合光通过偏振片时，改变偏振片的取向，发现透射最大光强是最小光强的 7 倍，试求混合光中两种光的光强各占的比例.

解　设入射光的光强为 I_0，其中线偏振光的光强为 I_{01}，自然光的光强为 I_{02}，在该光束透过偏振片后，透射光的最大光强 $I_{max}=I_{01}+\frac{1}{2}I_{02}$，透射光的最小光强 $I_{min}=\frac{1}{2}I_{02}$. 因为 $I_{max}=7I_{min}$，即 $I_{01}+\frac{1}{2}I_{02}=\frac{7}{2}I_{02}$，可得 $I_{01}=3I_{02}$ 所以 $\frac{I_{01}}{I_0}=\frac{3}{4}$、$\frac{I_{02}}{I_0}=\frac{1}{4}$.

例 3-5　如果自然光的光强在通过 P_1 与 P_2 两偏振片后减少为原来的 $\frac{1}{4}$，则 P_1 与 P_2 的偏振化方向之间的夹角应该是多大？

解　设自然光强度为 I_0，它通过 P_1 后光强为 $I_1=\frac{1}{2}I_0$，通过 P_2 后光强为 $I_2=I_1\cos^2\alpha=\frac{1}{2}I_0\cos^2\alpha$. 已知 $\frac{I_2}{I_0}=\frac{1}{4}$，故可得 $\cos^2\alpha=\frac{1}{2}$，$\alpha=\pm 45°$.

3.3.3　布儒斯特定律

自然光在两种介质的分界面上反射和折射时，反射光和折射光一般都为部分偏振光. 实验表明，反射光中垂直于入射面的光振动较强，折射光平行于入射面的光振动较强，如图 3-16（a）所示. 但是在一定的条件下，反射光有可能成为线偏振光.

1812 年布儒斯特从实验中发现，反射光的偏振化程度与入射角 i 有关，若入射光从折射率为 n_1 的媒质射向折射率为 n_2 的媒质，且入射角满足

$$\tan i_B=\frac{n_2}{n_1} \tag{3-9}$$

则此情况下反射光成为只有垂直于入射面振动的线偏振光，而折射光仍为部分

偏振光. 这个规律称为**布儒斯特定律**，其中 i_B 叫做起偏角或**布儒斯特角**（Brewster angle）. 根据折射定律，应有 $n_1\sin i_B = n_2\sin\gamma_B$　将这个关系代入公式（3-9）得 $\cos i_B = \sin\gamma_B$，可推知 $i_B + \gamma_B = \frac{\pi}{2}$，即表明当入射角为布儒斯特角时，反射光与折射光互相垂直，如图 3-16（b）所示.

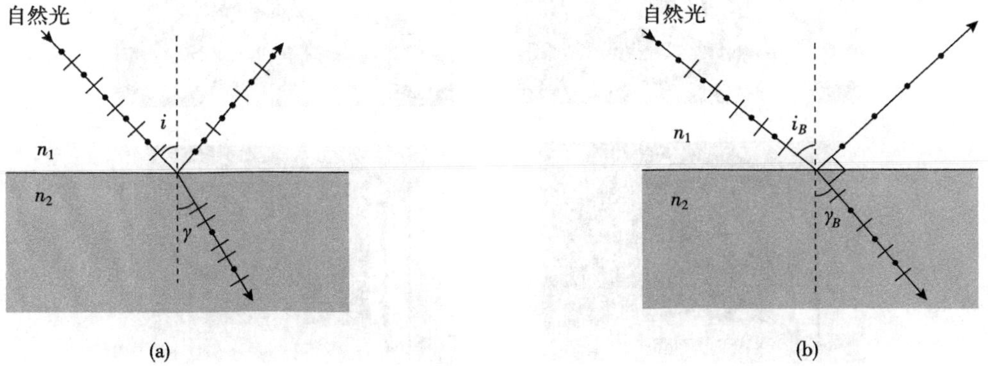

图 3-16　布儒斯特定律

前面已经介绍过让自然光通过偏振片出射可获得线偏振光，而布儒斯特定律也提供了一种获得线偏振光的方法，即让自然光以布儒斯特角 i_B 入射，则反射光即为线偏振光. 实际应用中通常是把许多互相平行的玻璃片叠成玻璃片堆，利用各层上的反射和折射，使反射光强度增大而折射光由部分偏振渐变为线偏振光，最终相当于获得两束可利用的线偏振光且光振动相互垂直，如图 3-17 所示.

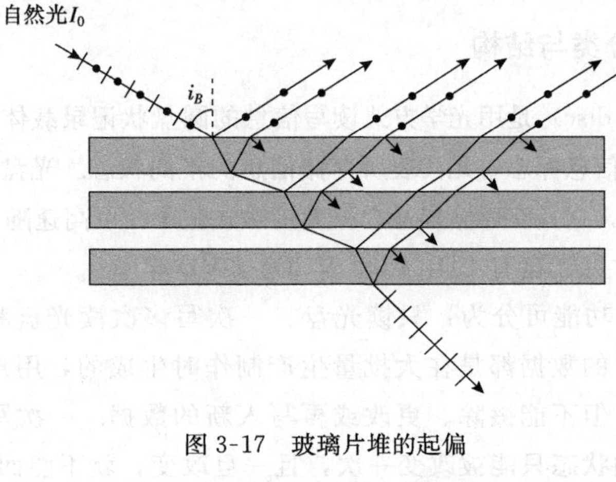

图 3-17　玻璃片堆的起偏

最后，介绍一个综合应用实例. 为了清晰的拍摄到水面下的或玻璃橱窗内的景物，经验丰富的摄影师一般会在镜头前加装一种称为偏振镜的光学元件，如图 3-18（a）和（b）所示分别为不用和使用偏振镜拍摄的效果图.

(a)不用偏振镜　　(b)使用偏振镜

图 3-18　不用和使用偏振镜拍摄的效果图

其实，这种偏振镜的光学结构及分类、拍摄动作过程和工作原理都可以用本节的知识给出解释，请大家不妨去试一试吧.

§3.4　光盘原理

3.4.1　光盘的分类与结构

光盘（disk or disc）是用光学方式读写信息的圆盘状记录载体，用存储介质层上不同物理状态的信息标志单元代表所存储信息的不同状态. 光盘的出现是信息存储技术的重大突破，它具有存储容量大、无接触式记录、可高速随机存取、稳定可靠等突出优点. 常见光盘有 LD、CD、VCD、DVD 等.

光盘按其读写功能可分为：只读光盘、一次写多次读光盘和可擦写光盘三大类. 只读光盘上的数据都是在大批量生产制作时生成的，用户可根据需要选读光盘上的信息，但不能擦除、更改或再写入新的数据. 一次写多次读光盘的原理是存储单元的状态只能被改变一次，且一旦改变，就不能回到原来的状态，因此写是不可逆的，但重复可读. 可擦写光盘允许擦除原有的数据后重新写入新的数据．光盘的擦与写是可逆过程，写即改变存储介质的性质，擦即恢复存储介质原来的性质，擦写光盘目前常用的有磁光型和相变型，其中磁光型是主流．

光盘的结构如图 3-19 所示，三个主要部分为：盘衬底基层——保证机械上的完整性、尺寸的精度和稳定性，材料一般为玻璃、塑料（丙烯酸树脂等）；存储介质层——用来存储信息；保护层——在表面覆盖的一层透明聚合物起密封保护作用．

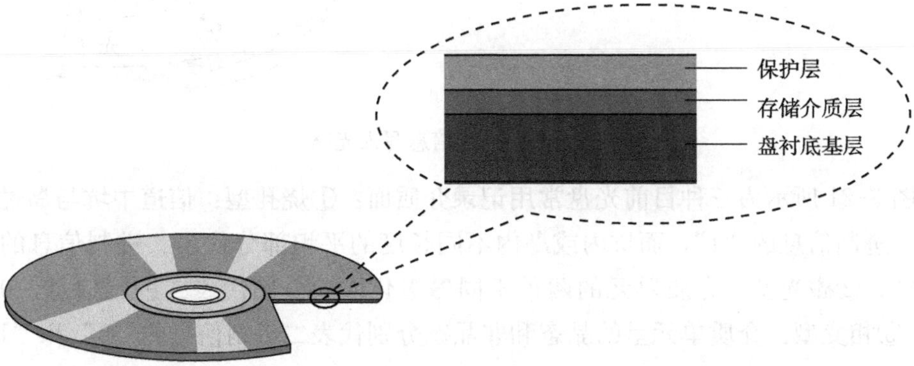

图 3-19　光盘的结构

3.4.2　光盘的主要单元技术

光盘的各单元技术涉及光、电、机、算等诸多方面，这里仅从光学角度介绍几个主要单元技术．

1. 信息的写入

原理如图 3-20 所示，透镜组将激光器发出的光束（功率较大，约为十几 mW，称为写光束）准直整形为圆斑后送入光调制器，以二进制“0”和“1”编码的待写信息将其调制成为脉冲光信号，又经跟踪反射镜将其反射至聚焦透镜，最终在光盘存储介质面上被会聚成约 1μm 的高能光斑，而受照存储介质单元将产生烧孔、起泡、相变、色变、偏振态变化等，使此单元成为一个记录二进制“0”和“1”的信息点，所有的存储单元构成螺旋状的信息轨道（称为信道），这就是信息的写入过程．这里的光调制器可以是电光调制型或者声光调制型，光隔离器的功能后续再介绍．

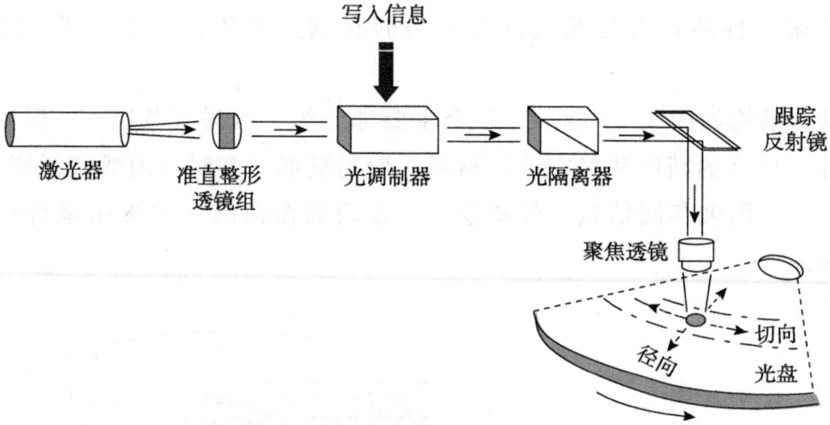

图 3-20　光盘信息写入光路

图 3-21 所示为三种目前光盘常用记录介质面：①烧孔型：信道中坑与岛过渡沿代表二进制信息的“1”，而坑内或岛内不同长度的平坦部分代表二进制信息的若干个“0”；②磁光型：介质单元的两种不同磁极化取向分别代表二进制信息“0”和“1”；③相变型：介质单元呈的晶态和非晶态分别代表二进制信息的“0”和“1”.

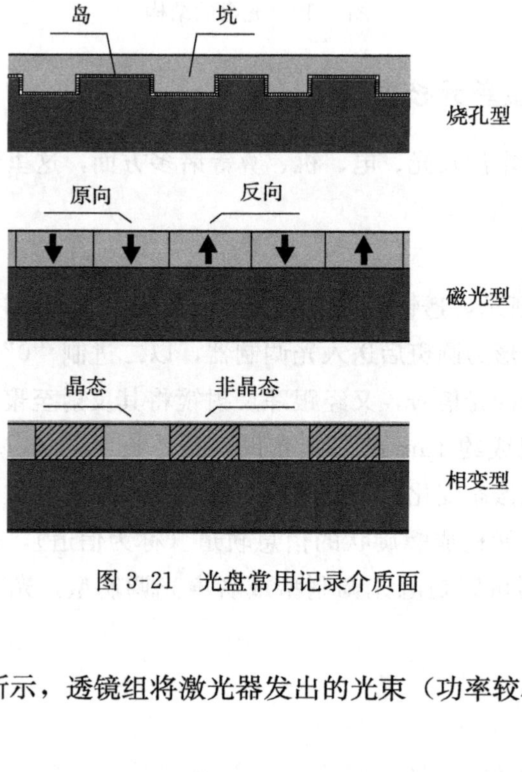

图 3-21　光盘常用记录介质面

2. 信息的读出

原理如图 3-22 所示，透镜组将激光器发出的光束（功率较小，约为几 mW，称为读光束）准直整形为圆斑后送入光隔离器，出射后被射镜反射至聚焦透镜，最终在光盘存储介质面上被会聚成 1μm 的低能光斑. 用此光斑照射存储介质单元，根据记录介质面信息情况的不同，反射回的光强将发生变化，最后经光隔离器分束隔离后被光电探测器接受，转换为电信号读出，这就是信息的读出过程. 此处，光隔离器实际上是由好几个功能组件构成，其功能是保证激光器发出的射向光盘存储介质面的光束不能再次返回给它，而被光隔离器反射到光电探测器上，从而避免激光器因干涉造成输出光强不稳定，其隔离分光原理相似于线偏光与偏振片的透振方向分别呈垂直与平行的情况.

不同的存储记录介质造成反射光强变化的原因是不同的，图 3-21 所示的烧孔型和相变型是由于坑与岛、晶态与非晶态对照射光的反射率差异导致的，而磁光型则是由于磁极化单元的两相反取向使照射光反射时偏振面旋转角度不同导致的.

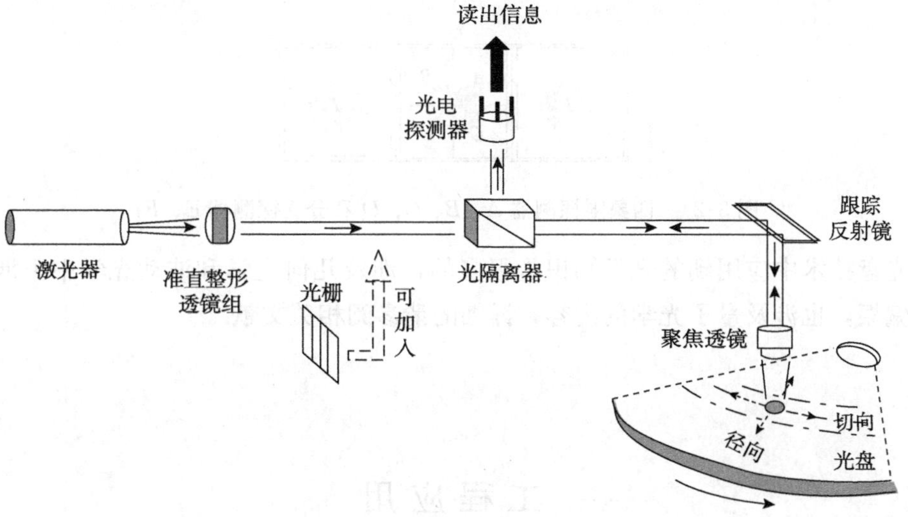

图 3-22　光盘信息读出光路

3. 跟踪伺服

为了准确的读写信号，必须准确的聚焦、准确的径向和切向跟踪信道、保证稳定的盘面转速等，这些需要借助相应的自动跟踪技术去驱动伺服系统进行及时的矫正才能实现. 实际应用的跟踪伺服技术有很多，这里介绍一种称为三光束法的技术. 在图 3-22 所示的光路中，准直整形透镜组后加入一片光栅，则光盘存储介质面上将得到三束衍射光斑（0 级、＋1 级、－1 级，其他级比较弱而不出现），如图 3-23 所示. 它们反射回的光用七个光探测器接收，即 0 级斑用四个探测器（A、B、C、D）拼成的四象限探测器接收，而＋1 和－1 级斑则分别用单个分立探测器 E、F 接收，如图 3-24 所示. 其中，($E-F$) 用于自动跟踪，($A+C$) − ($B+D$) 用于自动聚焦，($A+B+C+D$) 则为读出的存储信号值.

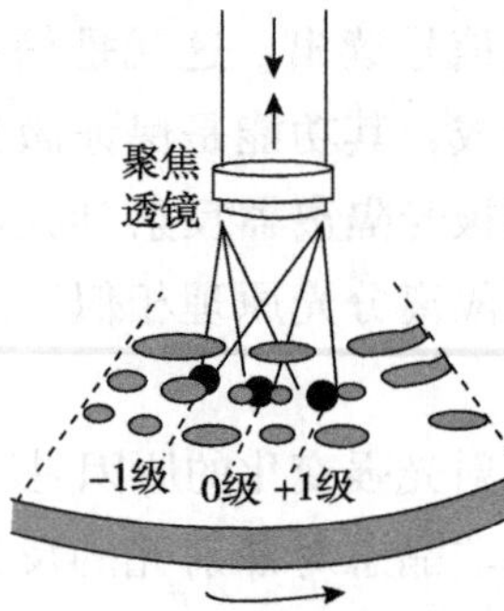

图 3-23 三束衍射光斑

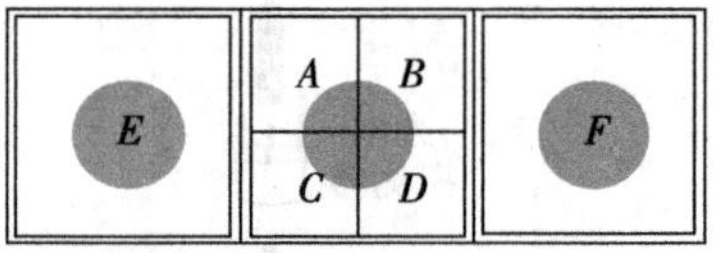

图 3-24 四象限探测器 A、B、C、D 和分立探测器 E、F

光盘技术中应用到的光学知识是很多的，涉及几何光学和波动光学中干涉、衍射、偏振，也涉及量子光学的内容，详细的请参阅相关文献.

工 程 应 用

A. 3D 立体电影

因人的左右眼间隔一定距离而视角不同，在视网膜上形成的物体的像并不完全一样，这两个像经过大脑综合后就能区分物体的远近，从而产生立体视觉. 3D 立体电影（**ANAGLYPH**）就是利用此原理，先用两个镜头仿左右眼视角分别拍摄景物图像制成影像后，再用两台单镜头或单台双镜头的投影机在银幕上同步放映出来，然后采用偏振、互补色、开关、柱镜、狭缝光栅等技术保证观众的左眼看左视角影像画面，右眼看右视角影像画面，从而产生立体效果.

3D 立体电影出现于 1922 年，经历了由胶片立体电影到数字立体电影的发展，各项技术不断得到创新. 在此仅介绍几种比较流行的基于佩戴眼镜的放映技术，图 3-25所示为观影场景.

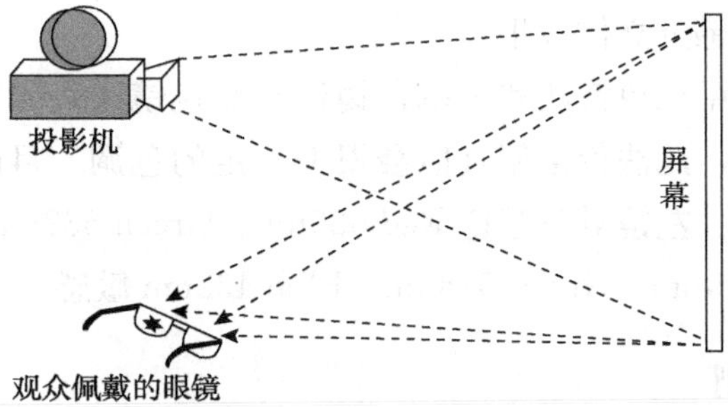

图 3-25　观影场景

1. 偏振放映技术

基于光的偏振原理，它的特点是：投影机镜头前加装偏光镜使投射的自然光起偏为线偏或圆偏光，同时投射左右视角的画面，采用高反射率的金属型屏幕以保证反射光的偏振性，观众需佩戴线偏光或圆偏光眼镜，且左右镜偏振情况不同，若为线偏则正交、若为圆偏则旋向相反. 观影过程为：投影机同时放映的左右视角的画面偏振情况不同（振向正交或旋向相反），经银幕反射向观众，观众左右眼各自过滤掉不合偏振方向的画面，只看到相应的偏振光画面，即左眼只能看到左视角摄制的画面，右眼只能看到右视角摄制的画面. 这些画面经过大脑综合后，就产生立体视觉.

观众若佩戴线偏光眼镜观影时需要保持头部的水平性，任何左右倾斜都会造成3D效果的减弱，因此容易产生疲劳，但线偏光眼镜性价比很高. 若佩戴圆偏光眼镜则可以倾斜头部并改变视角，但左右眼的图像分离并不是很彻底，易造成“鬼影”，需采用预处理的方式进行消除.

2. 主动放映技术

以红外（Infrad）、射频（ZigBee）、DLP—Link、蓝牙（Bluetooth）等技术为基础，它的特点是：投影机直接用自然光交替投射左右视角的画面，采用普通屏幕，观众需佩戴快门型主动式眼镜，此外还需有一个同步控制信号发射器. 观影过程为：当投影机放映左视角画面时，同步控制信号发射器发出一信号使观众右眼镜的快门关闭，反之亦然. 让观众左眼看到左视角摄制的画面，右眼看到右视角摄制的画面，经大脑综合后产生立体视觉.

3. 互补色滤波放映技术

基于光谱滤波原理，它的特点是：投影机内部或外部加装滤光片，同时或交替投射左右视角的画面，采用普通屏幕，观众需佩戴专用的滤光眼镜（左镜滤除右镜敏感的光谱，右镜滤除左镜敏感光谱）. 观影过程为：投影机放映左右视角的画面，由于左右眼镜对光谱敏感情况不同，保证了相应的图像只能被相应的眼睛看到，进行视觉综合后使观众感觉立体效果.

左右滤光镜可采用双色镜法和三基色镜法. 双色镜法，如左右镜分别对红蓝或者红绿或者红青敏感，此法价格便宜但会损失一定的色调. 目前最新的是三基色镜法，如典型的参数为：左镜对三基色 Red 629nm、Green 532nm、Blue 446nm 敏感，右镜对三基色 Red 615nm、Green 518nm、Blue 432nm 敏感.

B. 光弹应力场检测

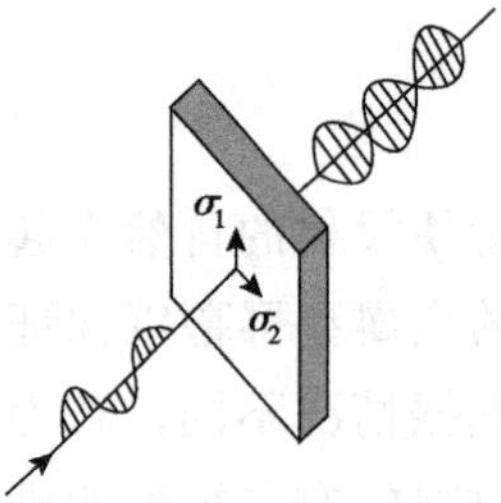

图 3-26　人工双折射

1816 年大卫·布儒斯待发现，一些原本是光学各向同性的非晶体透明材料（环氧树脂、聚碳酸酯等）受力后会变成光学各向异性，会出现一束光入射到材料表面则将被分成两束折射光出射而不满足折射定律的现象（如图 3-26 所示），而当应力解除之后材料又恢复为各向同性，称此为产生暂时双折射或**人工双折射**（synthetic birefringence).

光弹性法是一种光学应力测量方法，是光学与力学紧密结合的一种测试技术. 该技术采用具有人工双折射性能的透明材料，制成与原始构件形状几何相似的模型，使其承受与原构件相似的载荷. 将此模型置于偏振光场中，模型上即显出与应力有关的干涉条纹图，如图 3-27（a）和（b）所示为圆盘模型光弹应力场干涉条纹图——等倾线和等差线. 通过分析计算即可得知模型内部及表面各点的应力大小和方向，再依照模型相似原理就可以换算成真实构件上的应力分布情况.

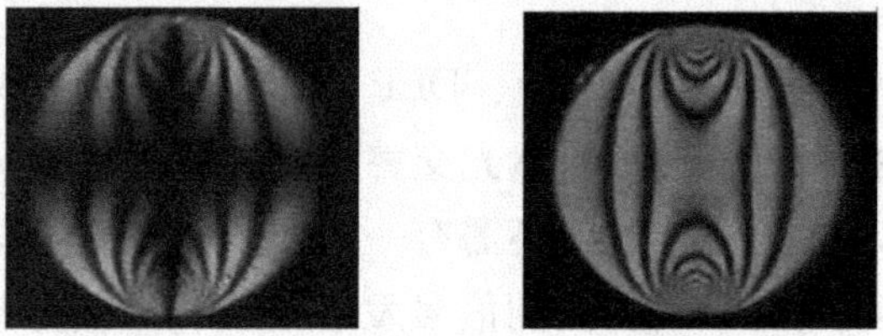

(a) 等倾线图　(b)等差线图

图 3-27　圆盘模型光弹应力场干涉条纹图

受载模型内部一点的应力情况要三个量确定，如两主应力 σ_1 和 σ_2 及主应力方

向 θ. 通过观察光弹性法中两种干涉条纹——等倾线和等差线，即可获得受载模型内部主应力 σ_1、σ_2 的方向分布情况和主应力差（$\sigma_1-\sigma_2$）的分布情况.

1. 检测主应力方向分布——等倾线

如图 3-28 所示，在光路上相互正交放置起偏镜与检偏镜，它们之间形成了一个平面偏振光场，称为正交平面偏振光场. 因没有光透过检偏镜，故为暗场. 把应力模型置于起偏镜与检偏镜之间的光场中. 透过起偏镜的线偏光到达模型后将折射为二束具有不同传播速度的线偏光，它们的振动方向分别与光入射点处模型的主应力方向一致. 透过模型的二条折射光相互间产生了一定的光程差，当它们到达检偏镜后，两光中能透过的分量之间将产生干涉，可观察到干涉条纹. 若应力主轴与偏振轴重合则两光干涉相消，所以模型上应力主轴与偏振轴重合的诸点，形成黑线（暗纹），称为等倾线. 同步转动起偏镜与检偏镜改变其光轴角度，即可得到一系列等倾线，借此就可获得主应力 σ_1 和 σ_2 的方向分布情况.

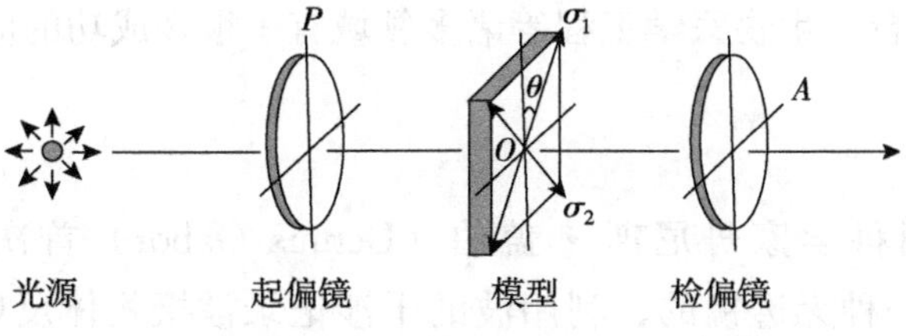

图 3-28　正交平面偏振光场

2. 检测主应力差分布——等差线

如图 3-29 所示，在前述的正交平面偏振光场中加入两个$\frac{1}{4}$波片，形成的是一个圆偏振光场，称为正交圆偏振光场. 也因没有光透过检偏镜，仍为暗场. $\frac{1}{4}$波片是从双折射晶体上按特殊方向切割下来的一种特殊光学元件，将它以某种取向放置于起偏镜后可将线偏光变为圆偏光；反过来，若在它后面以某种取向放置一检偏镜则

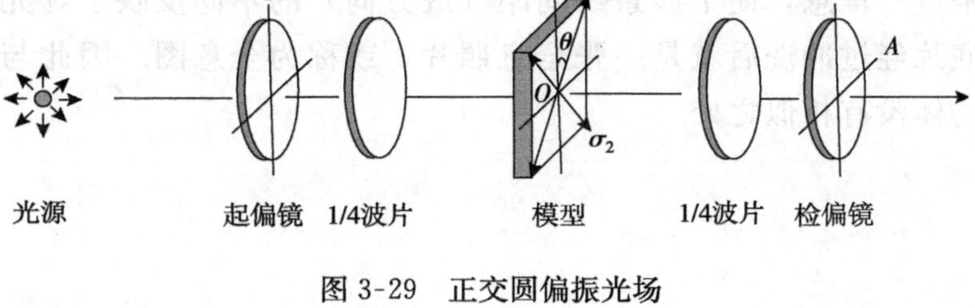

图 3-29　正交圆偏振光场

可将圆偏光变回线偏光. 图中光路变换就是线偏变圆偏后入射到模型表面，产生两具有一定光程差的圆偏折射光出射，然后又圆偏变线偏，最终两光出射时发生干涉相消而产生暗纹，称为等差线. 在此种光场中满足干涉相消而产生等差线的条件是：透过模型时产生的光程差 δ 为光波长 λ 的整数倍，即 $\delta=n\lambda$. 由工程力学理论可知 $\delta=Ch$（$\sigma_1-\sigma_2$），则可得

$$\sigma_1-\sigma_2=\frac{n}{h}\cdot\frac{\lambda}{C}=\frac{nf}{h}$$

其中，C 是与光波长和模型材料的光学性质有关的常数，h 为模型厚度，$f=\frac{\lambda}{C}$ 称为光弹性材料的条纹值，倍数 n 亦即等差线（条纹）的级数. 由光波长和模型材料可确定 f，再确定各干涉条纹（等差线）的级数 n 后，即可检测出主应力差（$\sigma_1-\sigma_2$）的分布情况.

若再配合工程力学理论中的其他方法，就可完全确定模型内各点的应力，这里就不作详述了. 光弹性法作为重要的实验应力分析手段，已经在机械、航空航天、铁道工程、海洋平台、生物医学工程等诸多领域有了很多成功的应用.

C. 全息照相

1948 年由英国科学家丹尼斯·盖伯（Dennis Gabor）首次提出的全息照相（Holography）是一种无透镜的、利用波的干涉记录被摄物体反射（或透射）光波中信息（振幅、相位）的照相技术，它不仅记录被摄物体光波的振幅（强度）信息，而且还记录反射光波的相对相位信息，因此称为全息. 全息照相过程一般分为两步：干涉记录和衍射再现.

1. 干涉记录

光路如图 3-30 所示，激光源发出的光分成两束，一束直接投射在照相底片上，称为参考光，另一束投射在物体上并经其表面散射后也照射到底片，称为物光. 参考光和物体各点发出的物光在底片上各处相遇时将发生干涉，底片上记录的就是干涉条纹的叠加图样. 干涉条纹在底片各处浓度不同反映的是物光的振幅（强度）信息，而干涉条纹间距（或方向）的不同反映了物光光波相位的信息. 底片经过冲洗后就是一张全息照片，或称为全息图. 因此与普通照片不同，与物体没有相似之处.

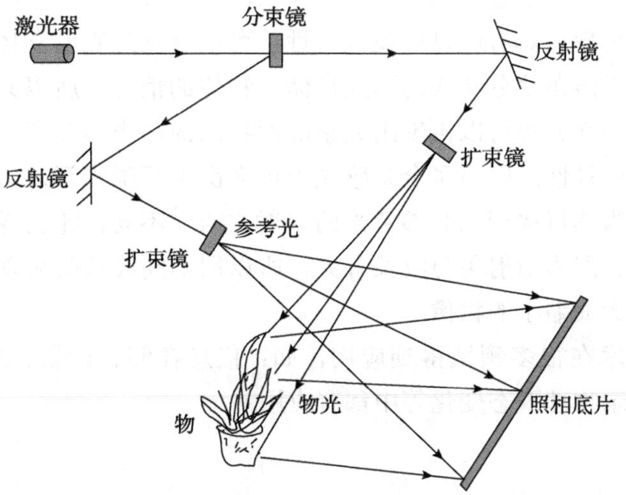

图 3-30　干涉记录光路

2. 衍射再现

光路如图 3-31 所示，全息图可看作一块复杂的光栅，用一束激光束照射全息图时将产生衍射. 沿+1 级衍射光方向透过全息图观察，将在拍摄当时原物所处位置处看到物体完整的立体形象，且从不同角度看，可看到物体不同的侧面，就好像看到真实立体的物体一样，只是摸不到而已，称为**虚像**. 此外，与此虚像关于全息图对称的位置处将成一**实像**，这是－1 级衍射光相交干涉加强产生的，但此实像与原物呈镜像相反而不实用. 因此，对全息图再现观察指的就是观察虚像.

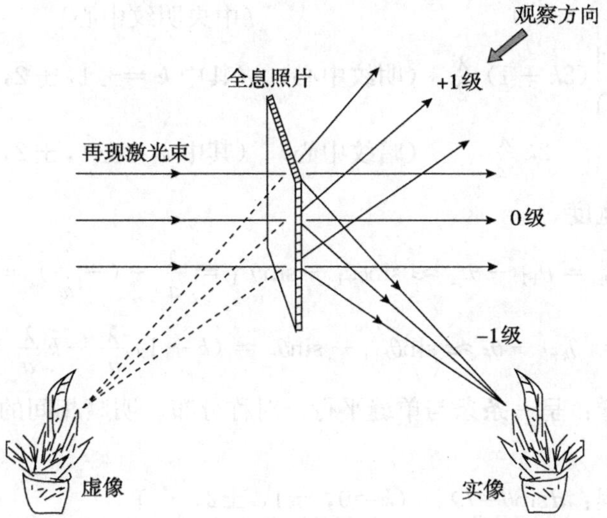

图 3-31　衍射再现光路

与普通照相相比，全息照相的特点是：①图像三维性．全息图存储了物光波的位相信息；所以再现像具有明显的视差特性，可以看到逼真的立体物像；②可分割性．全息图是以干涉条纹分布式的形式存储了物体的信息，所以只要有干涉条纹存在的全息图的任一部分都可以再现出完整的原物图像，当然其亮度和分辨率将会显著降低；③重复记录性．同一张全息感光板可多次重复曝光记录，并能互不干扰地再现各个物像．当然每次记录时参考光的入射方向应不同；④物像缩放性．再现像是利用衍射原理，因为衍射角与波长有关，所以用不同波长的再现光波照射全息图时，就会得到放大或缩小的物像.

全息照相技术在很多领域得到应用，如：信息存储、计量、显示、军事侦监、探测、研究和记录物理瞬态变化等中都有应用.

本章提要

1. 光的衍射分为菲涅耳衍射和夫琅禾费衍射两类.

2. 惠更斯-菲涅耳原理

波面上的点都可以看作是新的振动中心，它们发出球面子波，而衍射波场中任意点的振动强度由波面上所有子波在该点处相干叠加决定.

3. 单缝夫琅禾费衍射

(1) 单缝夫琅禾费衍射形成明暗纹的条件

$$a\sin\theta=\begin{cases}0 & \text{(中央明纹中心)}\\ (2k+1)\dfrac{\lambda}{2} & \text{(明纹中心)}\quad \text{(其中 } k=\pm1,\pm2,\pm3,\cdots)\\ 2k\dfrac{\lambda}{2} & \text{(暗纹中心)}\quad \text{(其中 } k=\pm1,\pm2,\pm3,\cdots)\end{cases}$$

(2) 明纹角宽度

$$\Delta\theta_{\text{中央}}=\theta_{+1}-\theta_{-1}\approx\sin\theta_{+1}-\sin\theta_{-1}=\frac{\lambda}{a}-\left(-\frac{\lambda}{a}\right)=2\frac{\lambda}{a}$$

$$\Delta\theta_k=\theta_{k+1}-\theta_k\approx\sin\theta_{k+1}-\sin\theta_k=(k+1)\frac{\lambda}{a}-k\frac{\lambda}{a}=\frac{\lambda}{a}$$

(3) 衍射图样：呈一条条与单缝平行、对称分布、明暗相间的直条纹.

4. 衍射光栅

(1) 光栅方程：$d\sin\theta=k\lambda$　($k=0$，±1，±2，…)

(2) 缺级条件：$k=\dfrac{d}{a}k'$　($k'=\pm1$，±2，…)

(3) 衍射图样：主极大的明条纹又细又亮，被极小和次极大构成的大片较暗的背景隔开.

5. 光矢量的振动方向对于光传播方向的不对称性称为光的偏振，由此可分为非偏振光、完全偏振光、部分偏振光. 自然光为非偏振光，线偏振光、椭圆偏振光、圆偏振光属于完全偏振光. 偏振片可以用来检验偏振光，可以作为起偏器和检偏器.

6. 马吕斯定律：$I=I_0\cos^2\alpha$.

7. 布儒斯特定律：$\tan i_B=\dfrac{n_2}{n_1}$.

8. 光盘可分为：只读、一次写多次读、可擦写三大类. 光盘的三个主要部分为：盘衬底基层、存储介质层、保护层.

习　题

一、思考题

1. 在太阳或月亮的周围有时会出现彩色晕图. 你能解释这种现象吗?

2. 能否从光的衍射角度对歇后语“隔着门缝看人，把人看扁（贬）了”作出解释?

3. 用眼睛直接通过一单狭缝观察远处与缝平行的线状灯光，看到的衍射图样是菲涅耳衍射还是夫琅禾费衍射?

4. 在单缝衍射实验中：

(1) 如果缝的宽度比单色光的波长大很多，即 $a\gg\lambda$，能否看到衍射条纹? 为什么?

(2) 如果缝的宽度比单色光的波长小很多，即 $a\ll\lambda$，又能否看到衍射条纹? 为什么?

5. 夫琅禾费衍射装置有如下变动时，衍射图样如何变化?

(1) 狭缝变窄；

(2) 入射光的波长增大；

(3) 单缝垂直于透镜光轴上下平移和沿透镜方向前后平移；

(4) 线光源垂直透射光轴上下平移；

(5) 增大透镜 L 的焦距或口径.

6. 光栅的两个结构特性参数光栅常数 d 和缝数 N 对衍射图样有何影响? 为什么光栅刻痕不但要很多，而且各刻痕之间的距离也要相等?

7. 光栅衍射光谱和棱镜光谱有何不同?

8. 线偏振光是否一定是单色波?

9. 某束光可能是线偏振光或部分偏振光或自然光，如何用实验确定这束光究竟是哪种光?

10. 自然光中的光振动矢量呈各向均匀分布，合成矢量的平均值为零，为何光强却不为零?

二、选择题

1. 光波的衍射没有声波显著，是由于　　(　　)

A. 光是电磁波　　B. 光速比声速大

C. 光有颜色　　D. 光的波长比声波小得多

2. 根据惠更斯-菲涅耳原理，若已知光在某时刻的波阵面，则其后衍射光场中任一点的强度决定于该波阵面上所有面元发出的子波各自传到此点的　　(　　)

A. 光强之和　　B. 振动振幅之和

C. 振动振幅之和的平方　　D. 振动的相干叠加

3. 在单缝夫琅禾费衍射实验中，波长为 λ 的单色光垂直入射在宽度 $a=3\lambda$ 的单缝上，对应于衍射角为 30°的方向，单缝处波阵面可分成的半波带数目为　　(　　)

A. 1　　B. 2　　C. 3　　D. 4

4. 平行光束垂直入射到衍射光栅面上，当光栅在光栅所在平面上沿刻线的垂直方向上作微小移动，衍射图样　　(　　)

A. 作与光栅移动方向相同方向的移动

B. 没有变化

C. 作与光栅移动方向相反方向的移动

D. 强度发生变化

5. 光栅衍射实验中，为了得到更多的谱线，应该　　(　　)

A. 增大光栅常数　　B. 减小光栅常数

C. 增加狭缝数　　D. 减小狭缝数

6. 一束单色光垂直入射于平面光栅上，衍射图样中出现了 5 条明纹. 若已知此光栅缝宽度与不透明宽度相等，那么在中央明纹一侧的第二条明纹是第　　(　　)

A. 一级　　B. 二级　　C. 三级　　D. 四级

7. 把两块偏振片紧密地放置在光源前，使得后面没有光通过. 当把一块偏振片

旋转 180°时，将发生的现象是（　　）

A. 光强增加然后减小到零

B. 光强增加然后减小到不为零的极小值

C. 光强始终增加

D. 光强增加，减小，增加，然后再减小

8. 强度为 I_0 的自然光通过透振方向互相垂直的两块偏振片，若两块偏振片之间插入第三块偏振片，且它的透振方向和竖直方向成 θ 角，则透射光的光强为（　　）

A. $I_0\sin\theta$　　B. $I_0\cos\theta$　　C. $I_0\cos^2\theta$　　D. $\frac{1}{8}I_0\sin^2 2\theta$

9. 在真空中行进的单色自然光以布儒斯特角 $i_B=57°$ 入射到平玻璃板上. 下列叙述是不正确的是（　　）

A. 折射光为部分偏振光

B. 反射光和折射光的夹角为 90°

C. 反射光电矢量的振动面平行于入射面

D. 反射光为平面偏振光

10. 设自然光以入射角 57°投射于平板玻璃面后，反射光为平面偏振光，试问该平面偏振光的振动面和平板玻璃面的夹角等于（　　）

A. 0°　　B. 33°　　C. 69°　　D. 90°

三、填空题

1. 当光的________与障碍物的线度可比拟时，将产生显著的衍射现象. 衍射现象是光具有________性的又一佐证.

2. 根据观察的方式不同，常把光的衍射分为________和________两类.

3. 在惠更斯提出的________理论的基础上，菲涅耳又添加了________思想，构成了惠更斯-菲涅耳原理. 该原理可表述为____.

4. 光通过薄透镜时不会引起附加的光程差，因此薄透镜具有________性.

5. 任意两相邻半波带上对应点发出的衍射光到达观察点的光程差都为________，在观察点处相干叠加时彼此相消，所以划分得的全部半波带为偶数个时观察点处为________纹中心；奇数个时观察点处为________纹中心.

6. 光栅是大量等________、等________的狭缝构成的分光元件，大致可分为________和________两种.

7. 光栅衍射是单缝________和多缝间________的综合效果. 因此，当多缝间________产生的某级主极大恰好与单缝________导致的极小的角位置重合时将会消失，从而造成________现象.

8. 光的偏振说明光是________波，光若按偏振态可分为________、________、________、________、________.

9. 偏振片可用来产生偏振光，称为________器；也可用来检验偏振光，称为________器.

10. 光盘按其读写功能可分为________、________和________三大类. 其结构的三个主要部分为________、________、________.

四、计算题

1. 将波长为 λ 的平行单色光垂直投射于一狭缝，衍射图样的第一暗纹的衍射角 θ 为 $\pi/6$，则此狭缝缝宽等于多少？

2. 波长为 500nm 的单色平行光垂直投射于一缝宽为 0.20mm 的狭缝，在缝后放置焦距为 60cm、折射率为 1.56 的凸薄透镜，求衍射图样零级亮条纹的线宽度.

3. 平行光垂直照射缝宽为 $a=0.1\text{mm}$ 的单缝夫琅禾费衍射屏，焦距为 $f=200\text{cm}$ 的透镜将衍射光会聚在观察屏上，第 1 和第 2 个衍射极小的线距离为 1.2cm，求入射光的波长.

4. 用波长为 546.1nm 的平行单色光垂直照射到一透射光栅上，测得第一级光谱线的衍射角 $\theta=30°$，求该光栅每毫米上的光栅刻痕数.

5. 宽度为 10mm、每毫米均匀刻有 100 条刻线的光栅，当波长为 500nm 的平行光垂直入射时，第 4 级缺极，第 2 级光强不为零. 试求光栅狭缝可能的宽度.

6. 设光栅平面和透镜都与屏幕平行，在平面透射光栅上每厘米有 4000 条刻线，用它来观察钠黄光（$\lambda=589\text{nm}$）的光谱线. 当光线垂直入射到光栅上时，能看到的光谱线的最高级数是多少？

7. 用波长为 λ 的单色平行光垂直入射在一块光栅上，其光栅常数 $d=3\times10^{-4}\text{cm}$，缝宽 $a=1\times10^{-4}\text{cm}$，则在单缝衍射的中央明纹中共有几条主极大？

8. 用一束具有两种波长的平行光垂直人射到光栅上，$\lambda_1=750\text{nm}$，$\lambda_2=500\text{nm}$，发现距中央明纹 5cm 处，λ_1 光的第 k 级主极大和 λ_2 光的第 $k+1$ 级主极大相重合，放置在光栅与屏之间的透镜焦距 $f=50\text{cm}$，试问：(1) 上述 k 是多少？(2) 光栅常

数 d 是多少？

9. 自然光通过两个偏振化方向成 60°的偏振片时，透射光强为 I_1. 若在这两个偏振片之间再插入另一偏振片，它的偏振化方向与前两个偏振片均成 30°，问此情况下透射光强为多少？

10. 用两个偏振片分别作为起偏器和检偏器，在它们的偏振化方向分别成 30°和 45°时，观测两束不同强度人射的自然光. 设两透射光的强度相等，求两束自然光强度之比.

11. 光强为 I_0 的自然光投射到一组偏振片上，它们的偏振化方向之间的夹角是：P_3 与 P_2 为 30°，P_2 与 P_1 为 60°，则透射光强为多大？将 P_2 拿掉后透射光强又是多大？

12. 一束光以 58°角入射到一平板玻璃表面上时，反射光是线偏振光，求：(1) 透射光束的折射角是多少？(2) 玻璃的折射率是多少？

第四章　量子物理基础

1927 年，美国的戴维森和革末成功观察到电子衍射图样（图 4-1），测量出电子的波长，同时也发展了电子衍射分析这门新兴的学科.

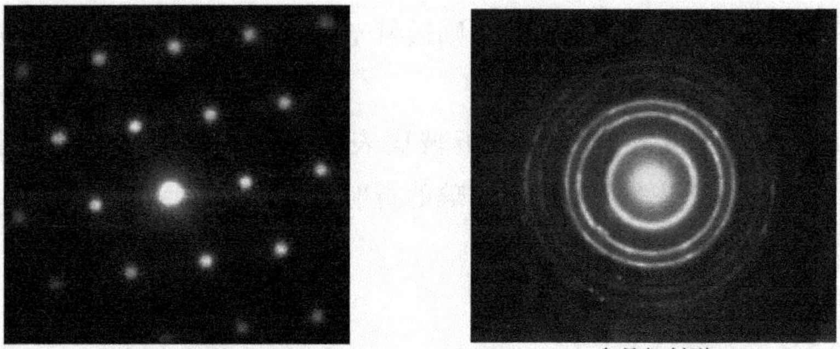

(a)单晶衍射谱　　(b)多晶衍射谱

图 4-1　电子衍射图样

由于电子衍射能与透镜成像结合，相互补充，为晶体结构研究开拓了新途径. 通过对电子衍射谱进行分析，可以获得关于样品的晶体点阵类型，点阵常数以及晶体的取向等参数；在特定的条件下还可能确定样品的化学成分.

那么，电子衍射现象背后隐藏着怎样的物理理论呢？本章会告诉你答案.

20 世纪初，一些现象，例如受热物体的电磁辐射（黑体辐射），受光照射的金属放射出电子（光电效应）以及气体分子呈现出的尖锐谱线等，无法在经典物理的框架内得到解释. 在 1900 年至 1930 年，被称为“量子力学”的现代力学，却很成功地解释了原子，分子和原子核的行为. 不仅如此，应用于宏观体系时，量子力学又能简化为经典力学. 结合相对论，量子力学彻底颠覆了人们对物理世界的日常观念.

§4.1　黑体辐射　普朗克能量子假设

任何温度下的物体都会发出电磁辐射，称之为热辐射. 热辐射谱线分布取决于温度和物体性质. 低温时，热辐射的波长主要集中于红外区域，人的眼睛观看不到. 随着物体温度的上升，物体逐渐呈现红色. 温度足够高时，物体呈现出白色，就像灯泡的钨丝发热时一样. 深入研究发现，热辐射是由红外区、可见光和紫外区等波长的连续分布组成.

单位时间内从物体表面单位面积上发射的、波长在 λ 到 $\lambda+d\lambda$ 之间的辐射功率 dM_λ 与波长间隔 $d\lambda$ 之比，称为单色辐出度 $M_\lambda(T)$：$M_\lambda(T)=dM_\lambda/d\lambda$. $M_\lambda(T)$ 与 λ、T 有关，单位为 $W/(m^2\mu m)$. 单位时间从物体表面单位面积上发射的各种波长辐射的总功率，称为辐出度 $M(T)$. 它是温度的函数，单位为 W/m^2. 当辐射从外界入射到物体表面时，被物体吸收的能量与入射能量之比称为吸收比. 波长在从 λ 到 $\lambda+d\lambda$ 间隔范围内的吸收比称为单色吸收比，用 $\alpha(\lambda, T)$ 表示.

1859 年德国物理学家基尔霍夫得到如下结论："在相同的温度下同一波长的辐射本领与吸收系数之比对于所有物体都是相同的，是一个取决于波长和温度的函数."也就是说，在热平衡下，任何物体的单色辐出度与单色吸收比的比值与物体的性质无关，对于所有物体，这个比值是波长和温度的普适函数.

该定律表明，好的吸收体也是好的辐射体. 辐出度较大的物体，其吸收本领一定也较大；辐出度较小的物体，其吸收本领也一定较小.

4.1.1　黑体辐射规律

1860 年，基尔霍夫把 $\alpha(\lambda, T)=1$ 的理想物体定义为"绝对黑体"，简称黑体，这种黑体在任何情况下能够吸收来自外界的一切电磁波. 黑体既是完全的吸收体，也是理想的发射体. 黑体不一定呈黑色. 黑体是一种理想的模型，在自然界中并不存在完全理想的黑体.

1895 年，德国物理学家卢默尔和维恩指出，由不透射任何辐射的器壁围住的带有一个小孔的空腔，它的热辐射性能等同于黑体，辐射空腔的实现为研究黑体辐射提供了重要手段. 黑体模型如图 4-2 所示.

将开有小孔的空腔视为黑体，使其恒温，测量从小孔中辐射出来的各种波长范围的单色辐出度与波长之间的关系. 结果如图 4-3 所示.

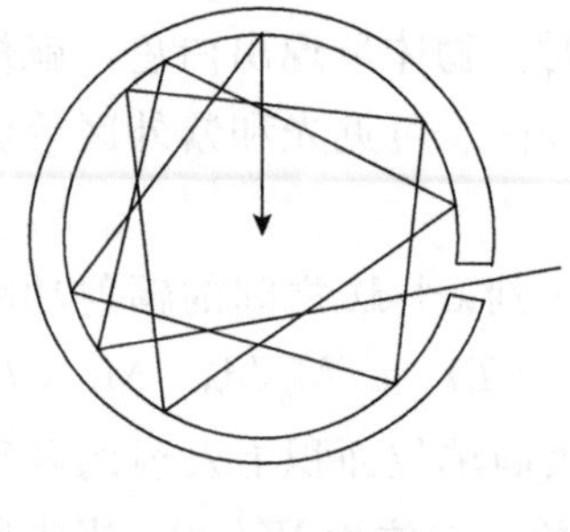

图 4-2　黑体模型

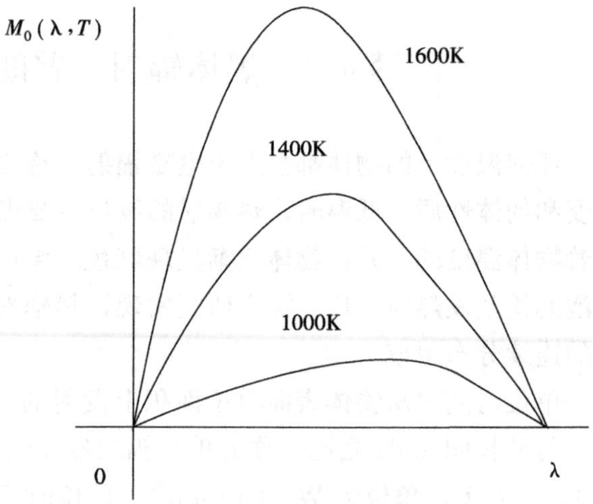

图 4-3　黑体辐射实验规律

由空腔辐射体的单色辐出度与波长的能谱曲线可知：每一条曲线都有一个极大值，随着温度的升高，黑体的单色辐出度迅速增大，并且曲线的极大值逐渐向短波方向移动.

1879 年，斯忒藩总结出黑体辐射的辐出度 M_0（T）与黑体的热力学温度 T 的四次方成正比的关系

$$M_0(T) = \sigma T^4 \tag{4-1}$$

式中，$\sigma=5.67\times10^{-8}\text{W}/(\text{m}^2\cdot\text{K}^4)$ 称为斯忒藩常数. 1884 年玻尔兹曼利用电磁理论和热力学理论证明了该公式.

1893 年，维恩提出辐射能量分布定律：

$$u = b\lambda^{-5}\mathrm{e}^{-\alpha/\lambda T} \tag{4-2}$$

式中，u 为能量随波长 λ 分布的函数，称作能量密度，T 表示绝对温度，α，b 为两个任意常数. 从公式（4-2）可得维恩位移公式

$$\lambda_m T = b \tag{4-3}$$

式中，$b=2.898\times10^{-3}\text{m}\cdot\text{K}$. 即对应于能量分布函数 u 最大值的波长 λ_m 与热力学温度 T 成反比.

然而，黑体辐射实验定律背后的理论依据又是什么呢？1896 年维恩根据经典热力学理论，利用辐射按波长分布类似麦克斯韦分子速率分布的思想得出：

$$M_{0\lambda}(T) = C_1\lambda^{-5}\mathrm{e}^{-\frac{C_2}{\lambda T}} \tag{4-4}$$

式中，C_1、C_2 为经验参数.

1900 年，瑞利与金斯把能量均分定理应用到电磁辐射能量密度按能量分布的情

况中，假定空腔处于热平衡时的辐射场将是一些驻波，根据能量均分定理，每一列驻波的平均能量都是 kT，与频率无关，可以算出

$$M_{0\lambda}(T) = C_3\lambda^{-4}T \tag{4-5}$$

式中，C_3 为常量.

维恩公式仅在短波方向与实验符合较好，瑞利-金斯公式则在长波方向与实验符合较好.

以上两公式都与实验不符，暴露了经典物理学的缺陷.

4.1.2 普朗克能量子假设

1900 年，德国物理学家普朗克在维恩位移公式和瑞利-金斯公式之间用内插法建立了一个普遍公式：

$$M_{0\lambda}(T) = 2\pi hc^2\lambda^{-5}\frac{1}{e^{\frac{hc}{k\lambda T}}-1} \tag{4-6}$$

式中，c 为光速，k 为玻尔兹曼常数；h 为普朗克常数，$h=6.63\times10^{-34}\mathrm{J\cdot S}$.

实验结果证明，普朗克公式与实验完全符合.

这个公式的理论基础是什么？1900 年年底，普朗克用一个能量不连续的谐振子假设，按照玻尔兹曼的统计方法，推出了该公式. 他作了这样的假设：

黑体辐射是由微小的带电振子产生的，而受热空腔的腔壁是由数以亿计的带电振子组成的；器壁振子的能量不能连续变化，而只能处于某些特殊状态，这样状态的能量分立值为

$$E_n = nh\nu \tag{4-7}$$

式中，n 为正整数，称为量子数；ν 是器壁振子的振动频率；h 是常数，称为普朗克常数. 由于每一个振子的能量只能是上式给出的分立值，故而说能量是量子化的. 每一个分立的能量值代表不同的量子态. 当振子处于 $n=1$ 的量子态时，其能量为 $h\nu$；当振子处于 $n=2$ 的量子态时，其能量为 $2h\nu$，以此类推.

普朗克理论的关键之处是能量量子化的大胆假设. 这一发展标志着量子论的诞生. 当普朗克提出这一理论时，大多数科学家（包括他本人!）都不认为量子概念是可行的，因为这违背了几个世纪以来人们的能量连续性观念. 因此，普朗克和其他人继续寻求黑体辐射的经典解释. 然而，随后的发展表明，必须运用量子理论（而不是经典理论）才能解释原子尺度的其他一些现象.

爱因斯坦最早明确认识到，普朗克的发现标志了物理学的新纪元. 1905 年，爱因斯坦发展了普朗克的能量子概念，提出了光量子假说，很好地解释了光电效应等现象.

例 4-1　太阳表面的温度约为 5.00×10^3K，请计算其辐射曲线上峰值处对应的波长.

解　由维恩位移定律 $\lambda_{max}T=2.898\times10^{-3}\text{m}\cdot\text{K}$，得

$$\lambda_{max}=\frac{2.898\times10^{-3}\text{m}\cdot\text{K}}{5.00\times10^3\text{K}}=580\text{nm}$$

§4.2　光电效应　爱因斯坦光量子假设

十九世纪后半叶，许多实验发现，当光照射到特定金属表面时，金属表面会发射出电子. 这一现象被称为光电效应，发出的电子称为光电子. 光电效应最早是由赫兹发现的，他也第一个观测到了麦克斯韦所预言的电磁波.

4.2.1　光电效应实验规律

图 4-4 是光电效应装置的示意图. 一根称之为光电池的玻璃管有两个金属电极阴极 E 和阳极 C. 阴极 E 连接到可变直流电压的负极，阳极 C 则连接到可变直流电压的正极. 当光电池处于黑暗中时，电流计读数为零，说明此时电路中没有电流. 然而，当波长小于某一特定值的光照射到阴极 E 上时，电流计读数不再为零，说明有电荷从阴极 E 运动到了阳极 C. 该波长特定值取决于阴极 E 所使用的材料. 电流的出现是由于有光电子从阴极逸出，汇聚于阳极上.

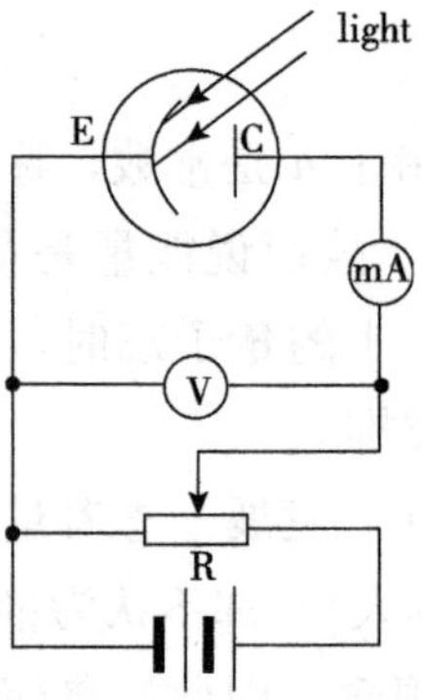

图 4-4　光电效应实验装置示意图

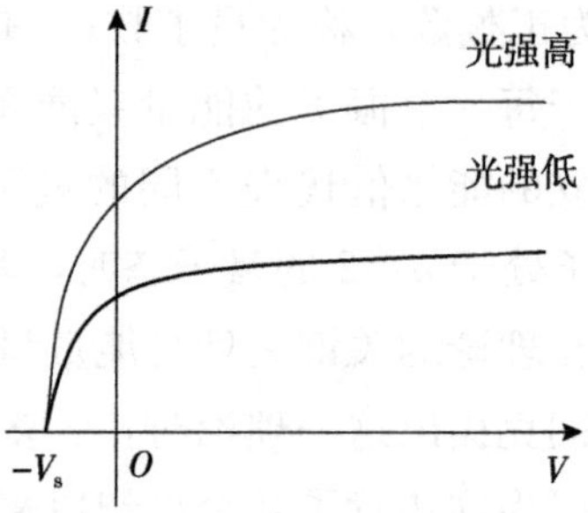

图 4-5　光电流与极间电压的关系

图 4-5 给出了两种光强下光电流与阴阳极间电压 V 的关系。当 V 足够大时，光电流达到最大值（饱和值），此时全部光电子被阳极所收集。此外，随着光强增大，光电流也增大. 最后，当 V 为负值，也就是说，电路中的可变直流电压正负极互换使得 E 接直流电源的正极，C 接负极时，光电流减小了，因为大多数光电子被 C 极

驱离。此时，只有那些初动能大于 eV 的光电子才能够到达 C.

当 V 等于或小于 $-V_s$ 时，没有光电子能到达 C，光电流为零了. $-V_s$ 称之为遏止电压. 遏止电压与辐射强度无关. 光电子的最大初动能与遏止电压的关系为

$$E_{kmax} = eV_s \tag{4-8}$$

光电效应的几个特点是无法用经典物理中光的波动理论解释的：

如果入射光频率小于某个值时，没有光电流. 该频率值称之为截止频率 ν_c，它体现出被照射材料的特征. 而根据光的波动理论，只要光强足够高，在任何频率下都应该出现光电流.

光电子的最大初动能与光强无关. 根据波动理论，光强越大，则单位时间内金属上积聚的能量越多，因此逸出的光电子的初动能就越大.

随着入射光频率的增大，光电子的最大初动能也增大. 波动理论预言，光电子能量与入射光频率无关.

即使在很低的光强下，光电子也是几乎瞬时（受光照射后 10^{-9} 秒）逸出金属表面的. 根据经典理论，光电子需要一段时间来吸收入射能量，然后才能获得足够的动能以逸出金属表面.

4.2.2　爱因斯坦光子假设

1905 年，在发表狭义相对论的同一年，爱因斯坦给出了光电效应的成功解释. 作为电磁辐射论文的一部分，爱因斯坦把普朗克的量子化概念扩展到电磁波上. 他提出，当量子化的振子从能态 $E_n = nh\nu$ 跃迁到下一个更低能态 $E_{n-1} = (n-1)h\nu$ 时，一小份光能量，称之为光子，将发射出来. 根据能量守恒原理，振子能量的减少量，$h\nu$，就等于光子的能量，E. 即

$$E = h\nu \tag{4-9}$$

式中，h 是普朗克常数，ν 是光的频率，也等于普朗克振子的频率.

这里的关键是，振子损失的 $h\nu$，被完全局域在光子中. 根据爱因斯坦的模型，光子是如此的局域化，所以能够把自己全部的能量 $h\nu$ 给予金属中的一个电子. 在爱因斯坦看来，逸出的光电子的最大初动能为

$$E_{kmax} = h\nu - W \tag{4-10}$$

式中，W 称之为金属的逸出功，代表着电子局限于金属中的最小能量，通常以电子伏特为单位. 表 4-1 给出了几种金属的逸出功.

表 4-1　几种金属的逸出功

金属	Na	Al	Cu	Zn	Ag	Pt	Pb	Fe
逸出功（eV）	2.46	4.08	4.70	4.31	4.73	6.35	4.14	4.50

运用光子理论，就可以合理解释光电效应的实验规律，而用经典理论是无法理解的：

在某一截止频率以下观测不到光电效应，是因为光子能量必须大于或等于逸出功 W. 如果入射光子能量不满足这一条件，不论光强如何，电子是不会从金属表面逸出的.

由式（4-10）可知，光电子的最大初动能 E_{kmax}，等于 $h\nu-W$，只取决于入射光频率和逸出功，与光强无关. 如果入射光光强增加一倍，则光子数目增加一倍，导致逸出的光电子数目增加一倍.

同样由式（4-10）可知，入射光频率增大时，光电子的最大初动能也随之增大.

光电子之所以瞬时逸出，是因为入射光子与电子是一对一相互作用，电子吸收一个光子的能量逸出金属表面的时间近似为零. 相比之下，根据光的波动理论，电子吸收光波的能量，直至积累的能量大于逸出功时，才能从金属表面逸出，这需要一段可观测到的时间.

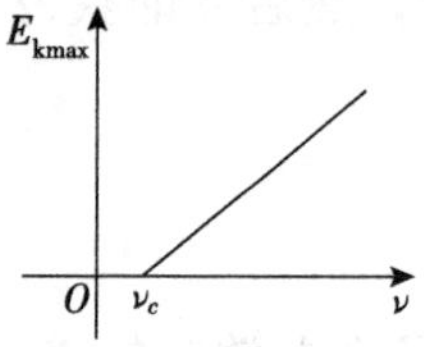

图 4-6 频率和最大初动能的关系

频率 ν 和最大初动能 E_{kmax} 之间的线性关系是爱因斯坦光子理论的一个重要预言. 不久，实验上观测到了这一结果，如图 4-6 所示. 水平轴上的截距给出了截止频率，低于它，不论光强如何，不会有光电子逸出. 截止频率与逸出功的关系为 $\nu_c=W/h$. 与截止频率对应的截止波长为

$$\lambda_c=\frac{c}{\nu_c}=\frac{c}{W/h}=\frac{hc}{W} \tag{4-11}$$

式中 c 是光速. 波长大于 λ_c 的入射光照射到金属表面时，不会有光电子逸出.

例 4-2 太阳光中的红光频率约为 5.0×10^{14} Hz. 有此频率的光子其能量是多少?

解 由式（4-9），有此频率的光子其能量为

$$E=h\nu=(6.63\times10^{-34}\,\mathrm{J\cdot s})(5.0\times10^{14}\,\mathrm{Hz})$$
$$=3.32.0\times10^{-19}\,\mathrm{J}=2.1\mathrm{eV}$$

例 4-3 铜表面被波长为 0.200μm 的光照射. 铜的逸出功为 4.70eV. 求（1）逸出光电子的最大初动能是多少?（2）铜的截止波长是多少?

解 （1）入射光中的光子能量为

$$E=h\nu=\frac{hc}{\lambda}$$
$$=\frac{(6.63\times10^{-34}\,\mathrm{J\cdot s})(3.00\times10^{8}\,\mathrm{m/s})}{2.00\times10^{-7}\,\mathrm{m}}$$

$$= 9.95 \times 10^{-19}\,\mathrm{J} = \frac{9.95 \times 10^{-19}\,\mathrm{J}}{1.60 \times 10^{-19}\,\mathrm{J/eV}} = 6.22\,\mathrm{eV}$$

由（4-10）式，得

$E_{kmax} = h\nu - W = 6.22\,\mathrm{eV} - 4.70\,\mathrm{eV} = 1.52\,\mathrm{eV}$

(2) $W = 4.70\,\mathrm{eV} = (4.70\,\mathrm{eV})(1.6 \times 10^{-19}\,\mathrm{J/eV}) = 7.52 \times 10^{-19}\,\mathrm{J}$

$$\lambda_c = \frac{hc}{W} = \frac{(6.63 \times 10^{-34}\,\mathrm{J \cdot s})(3.00 \times 10^{8}\,\mathrm{m/s})}{7.52 \times 10^{-19}\,\mathrm{J}}$$

$$= 2.64 \times 10^{-7}\,\mathrm{m} = 264\,\mathrm{nm}$$

§4.3　德布罗意假设　实物粒子的波动性

光电效应等现象确凿地表明，当光（及其他形式的电磁辐射）与实物发生作用时，光的行为显现出粒子性，具备能量 $h\nu$ 和动量 h/λ. 另一方面，光和其他电磁波展示出干涉和衍射效应时，我们又必须用波动理论来理解. 这就带来一个问题：光的本质究竟是什么？

哪一个模型是正确的？光是波还是粒子？答案取决于所观测的现象. 一些实验结果应用光子概念能合理解释，另一些则需要用波动模型才能很好作出描述. 最终结果是，我们必须用到两个模型，并承认，光的本质是不可能用哪一个经典概念来说清楚的. 我们可以说，光有波粒二象性，既有粒子性又有波动性.

光的粒子性和波动性是相容的，以 2.5MHz 的无线电波为例. 此频率下的光子的能量仅为约 10^{-8}eV，小得使光子不可能被探测到. 要产生可探测到信号，灵敏的无线电接受器要求有多达 10^{10} 个光子出现. 平均而言，如此多的光子是作为连续的波出现的. 每秒钟有如此多的光子到达探测器，所检测到的信号中是不可能出现任何颗粒性的. 也就是说，对于 2.5MHz 的波，是不可能探测到单个光子撞击天线的.

提高频率后会发生什么？在可见光区域，既可以观测到粒子性，又可以观测到波动性. 正如前面提到的，光束在展示干涉现象（波动性）的同时又能产生光电子（粒子性）. 在更高频率区域，光子的能量和动量增大. 结果是，光的粒子性比波动性明显得多. 例如，X 射线光子的吸收现象很容易观测，而其波动效应就难以看到.

4.3.1　德布罗意假设

进一步地，法国物理学家路易·德布罗意认为，如同过去对光的认识比较片面一样，对实物粒子的认识或许也是片面的，波粒二象性并不只是光才具有的，实物粒子也具有波粒二象性．德布罗意说道："整个世纪以来，在光学上，比起波动性的研究，过于忽视了粒子性的研究；在物质粒子理论上，是否发生了相反的错误呢？是不是我们把关于粒子的图象想的太多，而过分地忽视了波的图象？"1924 年，在他的博士论文中，德布罗意作出假定：既然光子有波粒二象性，或许所有实物粒子都有波粒二象性．当时，这是一个没有实验支持的革命性想法．按照德布罗意的想法，电子，像光子一样，也有波粒二象性．

对于静止能量为零的光子，其能量和动量的关系为 $E=pc$．由此可得 $p=E/c$．由上节有 $E=h\nu=hc/\lambda$．因此，光子的动量可表示为

$$p=\frac{E}{c}=\frac{hc}{c\lambda}=\frac{h}{\lambda} \tag{4-12}$$

从上式又可得光子的波长为 $\lambda=h/p$．

德布罗意假设，所有动量为 p 的实物粒子都有特征波长 $\lambda=h/p$．因此，对质量为 m，速度为 v 的实物粒子，有

$$\lambda=\frac{h}{p}=\frac{h}{mv} \tag{4-13}$$

更进一步，德布罗意假设，与光子类似，物质波的频率遵守爱因斯坦关系 $E=h\nu$．因此

$$\nu=\frac{E}{h} \tag{4-14}$$

由式（4-13）和式（4-14）两式可明显看出实物物质的波粒二象性，因为每一个式子既包含粒子概念（mv 和 E），又包含波动概念（λ 和 ν）．

4.3.2　实物粒子的波动性

德布罗意提出的物质波的波粒二象性最初被认为纯属猜测．如果电子这样的粒子有波动性的话，那么在适当条件下它应该展示出衍射效应．1927 年，在德布罗意提出假设的三年后，美国的戴维森和革末成功测量出电子的波长．他们的重要发现成为德布罗意物质波假设的第一个实验证实．

有趣的是，戴维森一革末实验的最初目的并不是要验证德布罗意假设．事实上，这个发现是偶然得到的．实验涉及真空中低能电子（约 54eV）被镍靶散射．一次实验中，由于真空系统的意外破损，镍靶被严重氧化．在镍靶被氢原子束加热以除去氧化层后，被散射的电子展示出在特定角度时的密度最大和最小．实验者们最终意识到，由于加热，镍靶形成了大的结晶区域，结晶区域中规则分布的原子平面成为了电子物质波的衍射光栅．

紧接着，戴维森和革末完成了更深入的单晶体散射电子的衍射测量．他们的结

果都无一例外地展示了电子的波动性，并验证了德布罗意波长 $\lambda=h/p$. 同年，苏格兰的汤普森也观测了电子通过很薄的金箔时的衍射现象. 之后，氦原子，氢原子和中子的衍射现象相继被观测到. 由此，物质波的普遍属性就以各种方式被建立起来了.

电子显微镜就是一种利用了电子的波动性的实际装置，用于观测平面，或是薄样品. 尽管在很多方面与光学显微镜类似，电子显微镜却有更高的分辨率，因为它能把电子加速到很高的动能，使其对应的波长很短. 光学显微镜不可能分辨出比用于照射物体的辐射波长更小的细节. 一般情况下，电子的波长比光学显微镜中所使用的可见光波长小 100 倍左右，也就意味着，电子显微镜的分辨率比光学显微镜高 100 倍左右.

电子显微镜中的电子束是通过静电或磁偏转控制的，使电子束对准图像. 与光学显微镜中通过接目镜观测图像不同的，电子显微镜的使用者是在荧光屏上观测图像.

例 4-4　计算速度为 $1.00\times10^7\,\text{m/s}$ 的质子（其质量 $m_p=1.67\times10^{-27}\,\text{kg}$）的德布罗意波长.

解　由（4-12）得

$$\lambda=\frac{h}{m_p v}=\frac{6.63\times10^{-34}\,\text{J}\cdot\text{s}}{(1.67\times10^{-27}\,\text{kg})(1.00\times10^{7}\,\text{m/s})}=3.97\times10^{-14}\,\text{m}$$

例 4-5　网球的球速一般是 200 多公里/小时左右，而羽毛球中国双打选手付海峰到目前为止保持着时速 332 公里的男子最快球速. 假设羽毛球的质量为 0.05kg，请问付海峰所发出的羽毛球对应的德布罗意波长是多少？

解　该羽毛球的波长为

$$\lambda=\frac{h}{mv}=\frac{6.63\times10^{-34}\,\text{J}\cdot\text{s}}{(0.05\text{kg})(332\text{m/s})}=4.00\times10^{-35}\,\text{m}$$

§4.4　不确定性原理　粒子的波函数

根据经典理论，可以对物体的位置和动量同时进行测量，实验装置和实验方法越好，结果就越准确. 理论上，误差可以无限小. 然而，量子理论却预言，对粒子的位置和动量的同时测量，存在根本性的障碍.

4.4.1　不确定性原理

这一原理可通过电子的单缝衍射实验来加以理解. 电子经缝后产生衍射，衍射图样分布关于 y 轴对称，如图 4-7 所示.

当电子通过缝时，它通过单缝哪一点是不确定的. 也就是说，电子坐标 x 的不

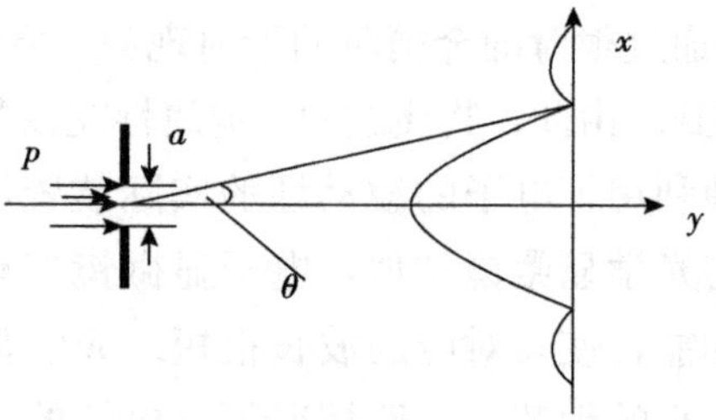

图 4-7　电子单缝衍射实验示意图

确定度 Δx 等于缝宽度 a：$\Delta x = a$.

设 θ 为第一级暗纹的衍射角，则有 $a \cdot \sin\theta = \lambda$. 若只考虑电子出现在中央明纹区域，则动量 p 在 x 轴方向上的分量 p_x 的不确定范围为

$$\Delta p_x = p\sin\theta = \frac{h}{\lambda} \cdot \frac{\lambda}{a} = \frac{h}{a} = \frac{h}{\Delta x}$$

得

$$\Delta x \cdot \Delta p_x \geqslant h \tag{4-15}$$

上式称为海森堡不确定关系，Δx、ΔP_x 分别称为粒子的坐标 x 和动量 P_x 的不确定量.

不确定性原理是微观粒子波粒二象性的体现，说明在微观世界中，粒子的位置和动量是不可能同时有确定数值的. 如果位置测量得越准确，Δx 越小，则意味着 Δp_x 就越大，动量值越模糊；反之，如果动量测量得越准确，Δp_x 越小，则意味着 Δx 越大，位置越模糊.

不确定关系推广到三维情况：

$$\begin{cases} \Delta x \cdot \Delta P_x \geqslant h \\ \Delta y \cdot \Delta P_y \geqslant h \\ \Delta z \cdot \Delta P_z \geqslant h \end{cases} \tag{4-16}$$

这些不等式称为海森堡不确定关系.

例 4-6　粒子做一维运动，其动量的不确定量等于它的动量的一半，求此粒子的位置的不确定量.

解　由 $\Delta x \Delta p_x \geqslant h$ 得

$$\Delta x \geqslant \frac{h}{\Delta p_x}$$

又由题意，$\Delta p_x = \frac{mv}{2}$，及德布罗意波长 $\lambda = \frac{h}{mv}$，得

$$\frac{h}{\Delta p_x}=\frac{2h}{mv}=2\lambda$$

故

$$\Delta x \geqslant 2\lambda$$

4.4.2　粒子的波函数　薛定谔方程

在量子力学里，波函数描述粒子的量子态与量子行为，薛定谔方程给出波函数怎样随着时间流逝而演化. 波函数 ψ（r，t）是一种复值函数，表示粒子在位置 r 、时间 t 的概率幅，它的模平方 $|\psi(r,t)|^2$ 是在位置 r 、时间 t 找到粒子的概率.

沿 $+x$ 方向传播的单频平面余弦波为

$$y(x,t)=a\cos\left[(2\pi\nu t+\varphi)-\frac{2\pi x}{\lambda}\right]$$

对机械波，y（x，t）表示位移，对电磁波，y（x，t）可表示电场强度和磁场强度，等等. 上式可用指数形式的实部来表示，即

$$y(x,t)=ae^{-i\left[(2\pi\nu t+\varphi)\frac{2\pi x}{\lambda}\right]}=ae^{-i\varphi-i\left(2\pi\nu t-\frac{2\pi x}{\lambda}\right)},$$

令 $A=ae^{-i\varphi}$，即

$$y(x,t)=Ae^{-i2\pi\left(\nu t-\frac{x}{\lambda}\right)} \tag{4-17}$$

对于自由粒子（沿 $+x$ 方向运动），其动量和能量都为常量.

由德布罗意假设　$\lambda=\dfrac{h}{p}$和$E=h\nu$，可将（4-17）化成

$$\psi(x,t)=Ae^{-i\frac{2\pi}{h}(Et-px)} \tag{4-18}$$

式（4-18）是与能量为 E、动量为 P、沿 $+x$ 方向运动的自由粒子相联系的波. 此波称为自由粒子的德布罗意波（也称为物质波），ψ 称为自由粒子的波函数.

推广到三维情况，用 $\vec{r}$ 替换 x，得到 $\Psi(\vec{r},t)=Ae^{-i\frac{2\pi}{h}(Et-\vec{p}\cdot\vec{r})}$.

德布罗意假说表明，每一种微观粒子都具有波粒二象性. 粒子的能量与动量分别决定了它的物质波频率与波数. 既然粒子具有波粒二象性，应该存在描述这种量子特性的波动方程，这就是薛定谔方程.

下面讨论一维自由粒子的薛定谔方程

粒子波函数 $\psi(x,t)=Ae^{-i\frac{2\pi}{h}(Et-px)}$，令 $\psi(x)=Ae^{i\frac{2\pi}{h}px}$，则有

$$\psi(x,t)=e^{-i\frac{2\pi}{h}Et}\psi(x)$$

$\psi(x)=Ae^{i\frac{2\pi}{h}px}$只与 x 有关，与 t 无关，$\psi(x)$ 也称为定态波函数.

又由于　$\dfrac{\partial^2\psi}{\partial x^2}=\left(i\dfrac{2\pi}{h}p\right)^2Ae^{i\frac{2\pi}{h}px}=-\dfrac{4\pi^2}{h^2}p^2\psi$ 及 $p^2=2m\cdot\dfrac{1}{2}mv^2=2mE_k$，可得

$$\frac{\partial^2\psi}{\partial x^2}=-\frac{4\pi^2}{h^2}\cdot 2mE_k\psi$$

即

$$\frac{\partial^2\psi}{\partial x^2}+\frac{8\pi^2 m}{h^2}E_k\psi=0 \tag{4-19}$$

此式为自由粒子一维运动的薛定谔方程（定态薛定谔方程）

在有势力场中运动的粒子，其动能 E_k 等于总能量 E 减去势能 E_p，故有

$$\frac{\partial^2\psi}{\partial x^2}+\frac{8\pi^2 m}{h^2}(E-E_p)\psi=0 \tag{4-20}$$

式（4-20）为一维势场中粒子的薛定谔方程.

将式（4-20）推广到三维情形，得

$$\frac{\partial^2\psi}{\partial x^2}+\frac{\partial^2\psi}{\partial y^2}+\frac{\partial^2\psi}{\partial z^2}+\frac{8\pi^2 m}{h^2}(E-E_p)\psi=0 \tag{4-21}$$

此式为三维势场中粒子的薛定谔方程.

薛定谔方程不能从经典力学导出，也不能用任何逻辑推理的方法加以证明. 它是否正确，只能通过实验来检验. 几十年来，微观系统中的大量低能实验无不表明，用薛定谔方程进行计算（包括近似计算）所得的结果都与实验结果符合得很好.

下面简要讨论一下波函数的物理意义.

起初，一些物理学家仍按照经典物理中的粒子和波相对立的观点，总想将一个寓于另一个之中，或认为粒子性比波动性更基本，或认为波动性比粒子性更重要，但这些解释都不能符合众多的实验事实.

现在人们普遍接受的是玻恩提出的统计解释：某时刻，在某点找到粒子的几率与该点处波函数振幅的模平方成正比（一般情况下，波函数是复数）.

这就是说，在量子力学中，对粒子运动状态的描述是几率性的，它不能告诉我们粒子到底在什么位置，只能告诉我们粒子处于某处的几率大小. 当系统由一种状态变化为另一种状态时，我们得到的仍然是系统状态的几率性描述. 因此，量子力学中对粒子运动的描述没有确定的轨道概念，我们对粒子运动状态的演化只能给出几率性预言，而不是决定性预言.

由波函数统计意义知，t 时刻，在（x，y，z）处 $\mathrm{d}V=\mathrm{d}x\mathrm{d}y\mathrm{d}z$ 内发现粒子数几率正比于 $|\psi(x, y, z)|^2\mathrm{d}x\mathrm{d}y\mathrm{d}z$.

波函数有三个标准条件：单值性（几率单值的要求）、有限性（平方可积的要求）和连续性（几率连续分布连续的要求）. 注意以下几点：①物质波不是机械波，也不是电磁波，而是一种几率波. 由波函数的统计解释可以看出，对微观粒子讨论轨道是无意义的，而决定状态的只能是波函数，从几率的角度去描述. ②波函数本身无明显的物理意义，而只有 $|\psi|^2$（$=\psi\psi^*$）才有物理意义，反映了粒子出现的几率. ③描写

微观粒子状态的波函数要满足归一化条件和波函数标准条件.（有时也可不归一化）
(4) 波函数是态函数，用几率角度去描述，反映了微观粒子的波粒二象性.

工程应用

量子理论打开了微观世界的大门，使人们对自然界的认识深入了一大步. 而量子理论在工程技术学科中也逐渐得到了广泛应用，引领着这些学科实现了跨越式发展.

下面简要介绍一下量子理论的相关应用.

A. 扫描隧道显微镜

20 世纪 50 年代，著名科学家、诺贝尔物理学奖获得者费米曾说："如果有一天可以按人的意志安排一个个原子，那将会产生怎样的奇迹?"这在当时只是一个美丽的梦想. 二十多年后，扫描隧道显微镜的发明，将这一美梦变为了现实.

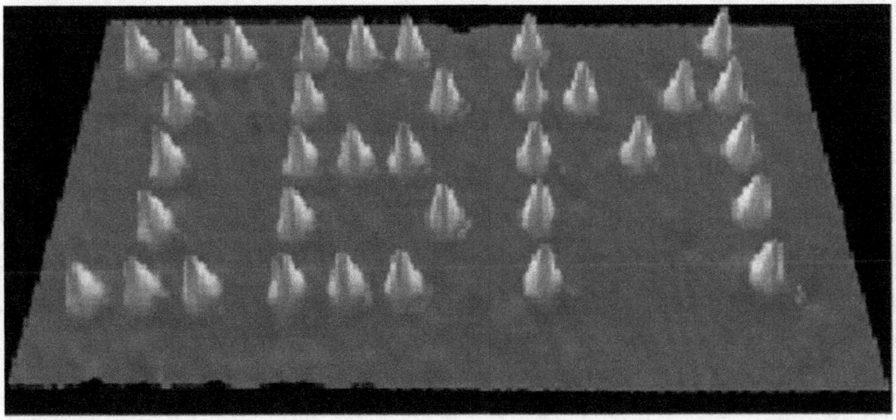

图 4-8　原子排列出的"IBM"

如图 4-8 所示，国际商用机器公司（IBM）的科技人员，利用扫描隧道显微镜，通过类似针尖的工具，在液氦的低温下，将 35 个氙原子在金属镍的表面上移动，排列出 5 个原子高的"IBM" 3 个字母的构图，每个字母的长度只有 5 纳米.

1. 扫描隧道显微镜的工作原理

扫描隧道显微镜的工作原理是基于量子力学中的隧道效应. 对于经典物理学来说，当一个粒子的动能 E 低于前方势垒的高度 V_0 时，它不可能越过此势垒，即透射系数等于零，粒子将完全被弹回. 而按照量子力学的计算，在一般情况下，其透射系数不等于零，也就是说，粒子可以穿过比它能量更高的势垒，这个现象称为隧道效应.

隧道效应是由于粒子的波动性而引起的，只有在一定的条件下，隧道效应才会显著. 经计算，透射系数 T 为：

$$T \approx \frac{16E(V_0-E)}{V_0^2} e^{-\frac{2a}{\hbar}\sqrt{2m(V_0-E)}}$$

式中，T 与势垒宽度 a，能量差（V_0-E）以及粒子的质量 m 有着很敏感的关系. 随着势垒厚（宽）度 a 的增加，T 将指数衰减，因此在一般的宏观实验中，很难观察到粒子隧穿势垒的现象.

扫描隧道显微镜的基本原理是将原子线度的极细探针和被研究物质的表面作为两个电极，当样品与针尖的距离非常接近（通常小于 1nm）时，在外加电场的作用下，电子会穿过两个电极之间的势垒流向另一电极. 隧道探针一般采用直径小于 1mm 的细金属丝，如钨丝、铂-铱丝等，被观测样品应具有一定的导电性才可以产生隧道电流.

隧道电流 I 是电子波函数重叠的量度，与针尖和样品之间距离 S 以及平均功函数 Φ 有关：

$$I \propto V_b \exp(-A\Phi^{\frac{1}{2}}S), \quad \Phi = \frac{1}{2}(\Phi_1+\Phi_2)$$

式中，V_b 是加在针尖和样品之间的偏置电压，平均功函数，Φ_1 和 Φ_2 分别为针尖和样品的功函数，A 为常数，在真空条件下约等于 1.

隧道电流强度对针尖和样品之间的距离有着指数依赖关系，当距离减小 0.1nm，隧道电流即增加约一个数量级. 因此，根据隧道电流的变化，我们可以得到样品表面微小的高低起伏变化的信息，如果同时对 x-y 方向进行扫描，就可以直接得到三维的样品表面形貌图，这就是扫描隧道显微镜的工作原理.

2. 扫描隧道显微镜的基本结构

隧道针尖的结构是扫描隧道显微技术要解决的主要问题之一. 针尖的大小、形状和化学同一性不仅影响着扫描隧道显微镜图象的分辨率和图象的形状，而且也影响着测定的电子态.

针尖的宏观结构应使得针尖具有高的弯曲共振频率，从而可以减少相位滞后，提高采集速度. 如果针尖的尖端只有一个稳定的原子而不是有多重针尖，那么隧道电流就会很稳定，而且能够获得原子级分辨的图象. 针尖的化学纯度高，就不会涉及系列势垒. 例如，针尖表面若有氧化层，则其电阻可能会高于隧道间隙的阻值，从而导致针尖和样品间产生隧道电流之前，二者就发生碰撞.

制备针尖的材料主要有金属钨丝、铂-铱合金丝等. 钨针尖的制备常用电化学腐蚀法．而铂-铱合金针尖则多用机械成型法，一般直接用剪刀剪切而成．不论哪一种针尖，其表面往往覆盖着一层氧化层，或吸附一定的杂质，这经常是造成隧道电流不稳、噪声大和扫描隧道显微镜图象的不可预期性的原因．因此，每次实验前，都要对针尖进行处理，一般用化学法清洗，去除表面的氧化层及杂质，保证针尖具有良好的导电性．

使用过程中，要控制针尖在样品表面进行高精度的扫描，用普通机械的控制是很难达到这一要求的．压电陶瓷能以简单的方式将 1mV－1000V 的电压信号转换成十几分之一纳米到几微米的位移，从而实现针尖对样品的高精度扫描．压电陶瓷利用了压电现象．所谓的压电现象是指某种类型的晶体在受到机械力发生形变时会产生电场，或给晶体加一电场时晶体会产生物理形变的现象．许多化合物的单晶，如石英等都具有压电性质，但前广泛采用的是多晶陶瓷材料，例如钛酸锆酸铅和钛酸钡等．

3．*扫描隧道显微镜的应用*

扫描隧道显微镜具有极高的分辨率，得到的是实时的、真实的样品表面的高分辨率图象，应用领域宽广．如图 4-9 所示．

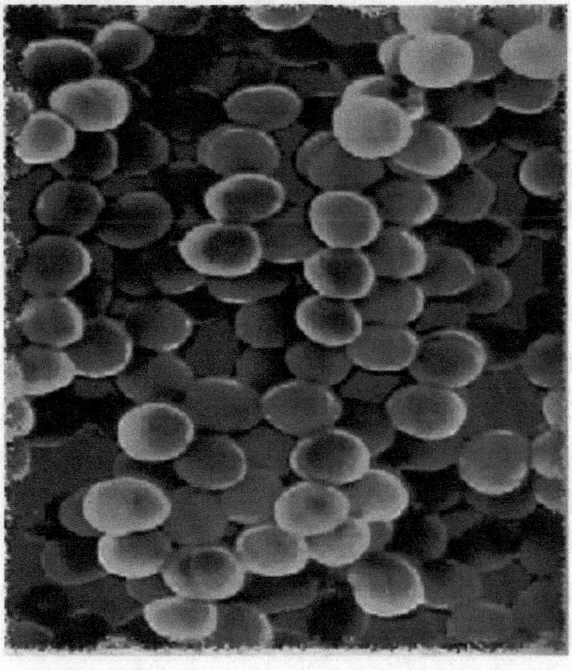

图 4-9　放大了 5000 倍的葡萄球菌

1）“看见”了以前所看不到的东西

STM 具有惊人的分辨本领，水平分辨率小于 0.1 纳米，垂直分辨率小于 0.001 纳米. 一般来讲，物体在固态下原子之间的距离在零点一到零点几个纳米之间. 在扫描隧道显微镜下，导电物质表面结构的原子、分子状态清晰可见.

2）实现了单原子和单分子操纵

利用 STM 针尖与吸附在材料表面的分子之间的吸引或排斥作用，使吸附分子在材料表面发生横向移动，具体又可分为“牵引”、“滑动”、“推动”三种方式. 通过某些外界作用将吸附分子转移到针尖上，然后移动到新的位置，再将分子沉积在材料表面. 通过外加电场，改变分子的形状，但却不破坏它的化学键（图 4-10）.

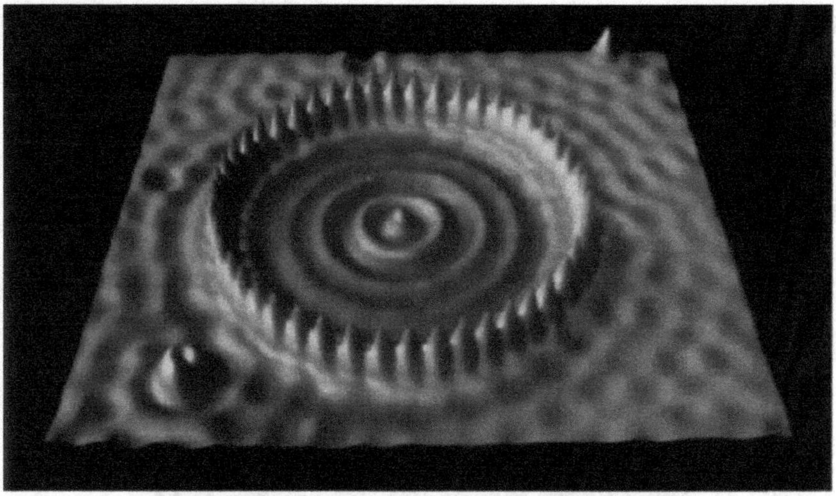

图 4-10　用 STM 针尖移动的铁原子

3）在分子水平上构造电子学器件

一般情况下金属和半导体材料具有正的电导，即流过材料的电流随着所施加的电压的增大而增加. 但在单分子尺度下，由于量子能级与量子隧穿的作用会出现新的物理现象——负微分电导. 中国科技大学的科学家仔细研究了基于 C60 分子的负微分电导现象. 他们利用 STM 针尖将吸附在有机分子层表面的 C60 分子“捡起”，然后再把粘有 C60 分子的针尖移到另一个 C60 分子上方. 这时，在针尖与衬底上的 C60 分子之间加上电压并检测电流，他们获得了稳定的具有负微分电导效应的量子隧穿结构. 这项工作通过对单分子操纵构筑了一种人工分子器件结构. 这类分子器件一旦转化为产品，将可广泛的用于快速开关、震荡器和锁频电路等方面，这可以极大地提高电子元件的集成度和速度.

近年来，科学家在构造和组装分子尺度的机械设备方面取得了不少重要成果，已设计出了类似齿轮、开关、转栅等简单装置的分子器件．例如：已经有科学家报道了用DNA分子制造出一种可以反复开合的镊子，而其每条臂的长度只有7个纳米．我们相信，通过物理、化学、分子生物学、电子学和材料科学的合作，一类基于单原子、单分子的纳米尺度的电子学器件将逐步涌现，并最终转化为造福于我们生活的产品．

B. 量子通信与量子计算

信息科学在改善人类生活质量和推进社会文明发展中发挥着无可比拟和令人惊叹的作用，但在信息化的进程中人类也面临越来越严重的问题，如当今信息系统的处理能力已接近极限值的程度．现有计算机的运算速度能无限制地增长吗？现有的密码体系是绝对安全的吗？不幸的是，这些问题的答案都是否定的．电脑芯片的集成度将受到量子效应的限制；而早在2005年，我国的王小云教授就攻破了一直在国际上广泛应用的密码算法SHA－1. 诸如此类问题对现有信息技术提出严峻的挑战．未来信息技术的持续发展要求开拓新的原理和方法．

量子力学的诞生深刻地改变了人类社会：在20世纪推动了社会发展的核能、激光、半导体等高科技，都是源于量子力学．

量子特性应用到信息领域中可以发挥出独特的功能，在提高运算速度、确保信息安全、增大信息容量等方面可以突破现有的经典信息系统的极限，于是诞生了一门新兴的交叉学科：量子信息科学．它是量子物理与信息科学相结合的产物，主要包括量子密码，量子隐形传态和量子计算．

1. 量子位的概念及特性

在经典计算机中，运算的基本单元是比特（bit），它的基本状态是二值布尔逻辑状态（0或1）．而在量子计算机中，运算的基本单元是量子比特（q-bit），它的基本状态是两种状态的叠加．规定原子在基态时记为 $|0\rangle$，在激发态时原子的状态记为 $|1\rangle$．原子除了保持上述两种状态之外，还可以处于两种态的线性叠加，记为 $|\varphi\rangle = a|1\rangle + b|0\rangle$，a和b分别代表原子处于两种态的几率幅．

量子位的特性之一，是重叠原理，即每一个量子比特呈现重叠状态0和1. 因此量子计算机的计算数是2的 n 次方，n 是量子比特的位数．量子计算机如果有500个量子比特，就在每一步作 2^{500} 次运算．这是一个可怕的数，2^{500} 比地球上已知的原子数还要多（这是真正的并行处理，当今的经典计算机，所谓的并行处理器仍然是一次只做一件事情）．但是这些微粒如何相互作用呢？他们通过量子牵连来做．

量子位的特性之二，是牵连原理．在某点上相互作用的微粒（像光子、电子）

之间具有一种关系，能够成对的纠缠在一起，这一过程被称为相关性. 知道了纠缠在一起的一个微粒的状态是上或下的话，它同伴的旋转是在其相反的方向上. 量子牵连就是无论来自同一系统的粒子之间有多远的距离都能同时相互作用（不受光速限制）.

2. 量子密码

采用量子位（量子比特）作为信息载体，经由量子通道传送，在合法用户之间建立共享的密钥（经典随机数），这个密钥是安全的，任何窃听都会被发现. 其安全性由量子力学原理所保证：窃听者若企图通过对量子态的测量来窃取信息，则必然会干扰这个量子态本身，从而会留下痕迹而被合法用户发现；窃听者若企图通过复制传送密钥的量子态来获得信息，此时量子不可克隆定理确保这种复制不可能成功.

因此，量子密码术原则上可以提供不可破译、不可窃听的保密通信体系. 目前中国科大已在光纤中成功地实现 125 公里量子密钥传输，在自由空间中实现 13 公里传送.

量子密码通信是目前唯一被证明绝对安全的保密通信方法，美国《商业周刊》把它列在了改变人们未来生活的十大发明的第三位其系统的框图如图 4-11 所示.

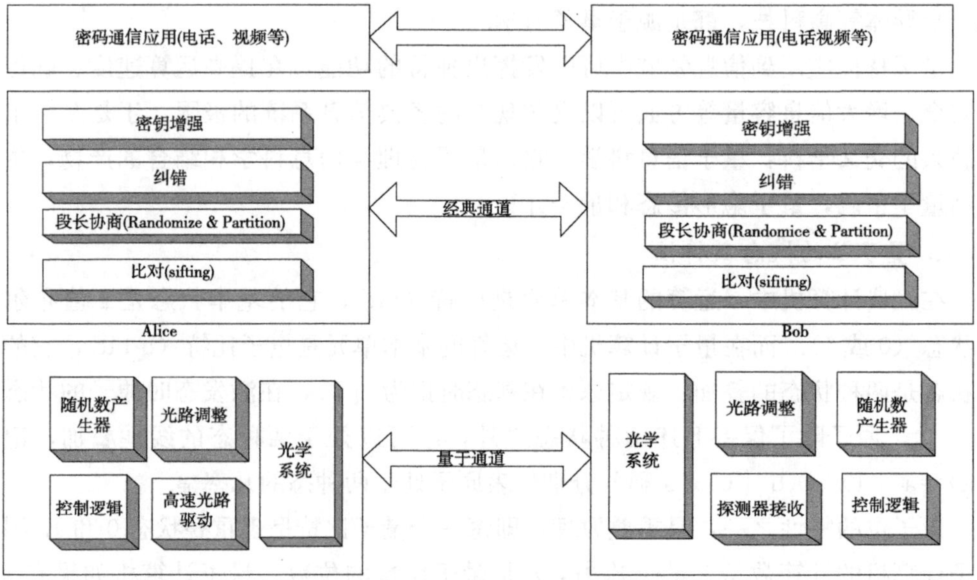

图 4-11　量子密码通信系统的框图

3. 量子隐形传态

1993 年美国 IBM 的著名科学家 Bennet 等四个国家的六位科学家联名在“Physical Review Letters”上发表了一篇开创性论文：“经由经典和 EPR 通道传送未知量子态”，提出了一种方法可以将某个粒子的未知量子态（未知量子比特）传送给远处的另一个粒子，使该粒子处在这个未知量子态上，而原先的粒子不被传送，这就是所谓“量子隐形传态”.

量子隐形传态的基本思想是为实现传送某个物体的未知量子态，可将原物的信息分成经典信息和量子信息两部分，它们分别经由经典通道和量子通道传送给接受者. 经典信息是发送者对原物进行某种测量而获得的部分信息，量子信息是发送者在测量中未提取的其余信息. 接受者在获得这两种信息之后，就可以制造出原物量子态的精确复制品（图 4-12）.

图 4-12 量子传输仍然基于光电元件

在这个过程中，有几个特点：第一，原物始终留在发送者处，被传送的仅仅是原物的量子态，而且，发送者对这个量子态始终一无所知；第二，接受者是将别的物质单元（如粒子）制备成为与原物完全相同的量子态，他对这个量子态也始终一无所知；第三，原物的量子态在测量时已被破坏掉——不违背“量子不可克隆定理”；第四，未知量子态（量子比特）的这种传送，需要经典信道传送经典信息（即发送者的测量结果），传送速度不可能超过光速——不违背相对论的原理.

量子隐形传态是量子通信中最简单的一种. 它不仅在物理学领域对人们认识与揭示自然界的神秘规律有非常重要的意义，而且可以用量子态作为信息载体，通过量子态的传送完成大容量信息的传输，实现原则上不可破译的量子保密通信. 这种方法可靠性高，安全性强，能够节省资源，降低通信的复杂度. 如果量子隐形传态的技术得以实现，它将在量子计算和量子通信等方面获得重要应用.

4. 量子计算

两个传统存储器可存储 00，01，10 或 11 中的一个数，而两个量子存储器则可同时存储 00，01，10，11 这四个数. 以此类推，N 个传统存储器，可存储 2^N 个可能的数之中的一个数，而 N 个量子存储器，就可同时存储 2^N 个数！因此，量子存储器的存储数据能力是经典的 $2N$ 倍，且随 N 指数增长. 例如，$N=250$ 时，量子存储器可同时存储比宇宙中原子数目还要多的数据（图 4-13).

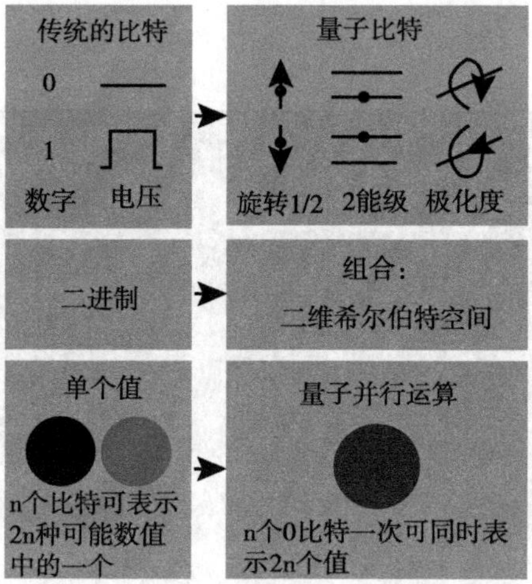

图 4-13 经典比特与量子比特

从计算的角度来说，传统计算机对 N 个存储器运算一次，只变换一个数据. 而量子计算机对 N 个存储器运算一次，同时变换 2^N 个数据. 可见：对 N 个量子存储器实行一次操作，其效果相当于对经典存储器进行 2^N 次操作. 这就是量子计算机的巨大并行运算能力.

采用合适的量子算法，这个能力可以大大地提高计算机的运算速度. Shor 量子并行算法可以求解“大数因子分解”难题. 比如，127 乘以 229 很容易计算，但 29083 等于多少乘以多少却很难计算. 由于分解 N 位二进制数所需的运算步骤（时间）随输入长度 $\log N$ 指数增长，用传统计算是难以计算的. 相比之下，Shor 算法证明，采用量子计算机并行计算，分解 N 的时间仅随 $\log N$ 的多项式增长，是可解的. 设经典计算机的运算速度约 10^{12} 次/秒，作 10^{30} 次运算需 10^{18} 秒，而宇宙的寿命约为 10^{17} 秒. 在量子计算机上采用量子算法，需要作的运算次数仅约为 4×10^4，同样的运算速度，10^{-8} 秒即可完成.

本章提要

1. 单色辐出度 $M_\lambda(T)$

单位时间内从物体表面单位面积上发射的、波长在 λ 到 $\lambda+d\lambda$ 之间的辐射功率 dM_λ 与波长间隔 $d\lambda$ 之比. 单位 $W/(m^2\mu m)$

2. 辐出度 $M(T)$

单位时间从物体表面单位面积上发射的各种波长辐射的总功率.

3. 吸收比和单色吸收比

当辐射从外界入射到物体表面时，被物体吸收的能量与入射能量之比称为吸收比. 波长在从 λ 到 $\lambda+d\lambda$ 间隔范围内的吸收比称为单色吸收比.

4. 基尔霍夫辐射定律

在相同的温度下同一波长的辐射本领与吸收系数之比对于所有物体都是相同的，是一个取决于波长和温度的函数.

5. 绝对黑体

一个在任何温度下都能全部吸收任何波长的入射电磁波而没有反射的物体称为绝对黑体，简称黑体。黑体的单色吸收比 $\alpha(\lambda, T)=1$，黑体是一种理想的物理模型，自然界中不存在绝对黑体。

6. 斯忒藩公式

黑体辐射的辐出度 $M_0(T)$ 与黑体的热力学温度 T 的四次方成正比的关系：

$$M_0(T) = \sigma T^4$$

其中，$\sigma=5.67\times10^{-8}W/(m^2\cdot K^4)$ 称为斯忒藩常数.

7. 维恩位移公式

$$\lambda_m T = b$$

其中 $b=2.898\times10^{-3}m\cdot K$.

8. 普朗克公式

$$M_{0\lambda}(T) = 2\pi hc^2\lambda^{-5}\frac{1}{e^{\frac{hc}{k\lambda T}}-1}.$$

9. 普朗克能量子假设

(1) 黑体辐射是由微小的带电振子产生的，而受热空腔的腔壁是由数以亿计的带电振子组成的；

(2) 器壁振子的能量不能连续变化，而只能处于某些特殊状态，这样状态的能

量分立值为 $E_n=nh\nu$.

10. 光电效应实验规律

(1) 随着光强增大，光电流也增大；

(2) 当 V 等于或小于 $-V_s$ 时，没有光电子能到达 C，光电流为零了. $-V_s$ 称之为遏止电压；

(3) 光电子的最大初动能与遏止电压的关系为：$E_{kmax}=eV_s$.

11. 爱因斯坦光子假设

当量子化的振子从能态 $E_n=nh\nu$ 跃迁到下一个更低能态 $E_{n-1}=(n-1)h\nu$ 时，一小份光能量，称之为光子，将发射出来. 振子能量的减少量，$h\nu$，就等于光子的能量，E.

逸出的光电子的最大初动能为　$E_{kmax}=h\nu-W$.

12. 德布罗意假设

既然光子有波粒二象性，所有实物粒子都有波粒二象性.

所有动量为 p 的实物粒子都有特征波长 $\lambda=h/p$. 与光子类似，物质波的频率 $\nu=\dfrac{E}{h}$.

13. 不确定性原理

粒子坐标 x 的不确定度 Δx 与粒子动量 P_x 的不确定量 ΔP_x 满足关系式 $\Delta x\cdot\Delta p_x\geqslant h$.

14. 粒子的波函数

自由粒子的波函数：$\psi(x,t)=Ae^{-i\frac{2\pi}{h}(Et-px)}$.

15. 薛定谔方程

一维自由粒子的薛定谔方程：$\dfrac{\partial^2\psi}{\partial x^2}+\dfrac{8\pi^2 m}{h^2}E_k\psi=0$.

一维势场中粒子的薛定谔方程：$\dfrac{\partial^2\psi}{\partial x^2}+\dfrac{8\pi^2 m}{h^2}(E-E_p)\psi=0$.

习　　题

一、思考题

1. 黑体是黑的吗？

2. 所有物体都辐射能量. 那么，为什么不能看清暗房间里的所有物体？

3．光是波还是粒子？引用特定的实验证据说明你的观点．

4．为什么电子显微镜比光学显微镜更适合于观测原子尺度的物体？

5．在光电效应中，解释一下为什么遏止电压大小取决于光的频率而不是其强度？

6．为什么光电效应中截止频率的存在支持光的粒子说而不是波动说？

7．激发光电子的入射光子能量都一样，为什么光电子的能量可以不同？

8．为什么同时准确测量粒子的位置和速度是不可能的？

9．在海森堡不确定原理看来，在描述棒球时该如何预测它的最大高度和范围？

二、选择题

1．某一种金属，用频率为 ν_1 的单色光照射时，测得光电子的最大动能为 E_{k1}；用频率为 ν_2 的单色光照射时，测得光电子的最大动能为 E_{k2}．如果 $E_{k1}>E_{k2}$，那么　（　）

A. ν_1 一定大于 ν_2　　B. ν_1 一定小于 ν_2

C. ν_1 一定等于 ν_2　　D. ν_1 可能大于也可能小于 ν_2

2．关于不确定关系 $\Delta x \Delta p_x \geqslant h$，有以下几种理解：

（1）粒子的动量不可能确定；

（2）粒子的坐标不可能确定；

（3）粒子的动量和坐标不可能同时确定；

（4）不确定关系不仅适用于电子和光子，也适用于其他粒子．

其中正确的是：　（　）

A.（1），（2）　B.（2），（4）　C.（3），（4）　D.（4），（1）

3．用频率为 ν_1 的单色光照射某种金属时，测得饱和电流为 I_1，用频率为 ν_2 的单色光照射另一种金属时，测得饱和电流为 I_2，若 $I_1>I_2$，则　（　）

A. $\nu_1>\nu_2$　　B. $\nu_1<\nu_2$

C. $\nu_1=\nu_2$　　D. ν_1 与 ν_2 的关系还不能确定

4．将波函数在空间各点振幅同时增大 M 倍，则粒子在空间的分布概率将　（　）

A. 不变　　B. 增大 M 倍

C. 增大 M^2 倍　　D. 增大 2M 倍

5．已知一单色光照射在锌表面上，测得光电子的最大动能是 1.2 eV，而锌的红限波长是 3700Å，那么入射光的波长是　（　）

A. 3350Å　B. 2000Å　C. 2350Å　D. 2727Å

6．保持光电管上电势差不变，若入射的单色光频率增大，则从阴极逸出的光电子的最大初动能 E_0 和飞到阳极的电子的最大动能 E_k 的变化分别是　（　）

A. E_0 增大，E_k 增大　　B. E_0 不变，E_k 变小

C. E_0 增大，E_k 不变　　D. E_0 不变，E_k 不变

7. 某激光器所发出的波长为 $\lambda=325.6\text{nm}$，谱线宽度 $\Delta\lambda=10^{-9}\text{nm}$. 则该光子沿 Ox 轴方向传播时，它的 x 坐标的不确定量（即波列长度）为（　　）

A. 200km　　B. 400km　　C. 106km　　D. 144km

三、填空题

1. 入射光波长 $\lambda=625\text{nm}$ 时，金属表面逸出的电子其速度高达 $4.6\times10^5\text{m/s}$. (1) 金属表面的逸出功是________；(2) 表面的截止频率是________.

2. 动能为 (1) 50.0eV，(2) 50.0keV 的电子对应的德布罗意波长（忽略相对论效应）分别为________和________.

3. 设描述微观粒子运动的波函数为 $\psi(x, y, z, t)$，则 $|\psi|^2$ 表示________. 波函数满足的标准条件是________、________、________；其归一化条件是________.

4. 将电子从静止加速到其具有的德布罗意波长为 $1.0\times10^{-10}\text{m}$，需要________的电势差？

5. 海森堡不确定关系式为________；设有一个光子沿 Ox 轴运动，其波长为 600nm，若测定波长的准确为 $\frac{\Delta\lambda}{\lambda}=10^{-6}$，则此光子位置不确定量为________.

6. 质量为 50.0g 的球以 30.0m/s 的速度运动. 如果测量其速度时的准确度为 0.10%，则其位置的最小不确定度是________.

7. 设沿 Ox 轴运动的微观粒子，在下述势能的势场中运动

$$E_p=\begin{cases}V_0, x\geqslant 0\\ 0, x<0\end{cases}$$

则粒子运动的定态薛定谔方程为：当 $x<0$，________；当 $x\geqslant0$，________.

四、计算题

1. (1) 把灯泡的钨丝看作黑体，如果其温度为 2900K，确定其波长的峰值. (2) 由 (1) 的结果看来，为什么灯泡发出的能量更多变成了热，而不是光？

2. 以电子伏特为单位，计算频率为 (1) 620THz，(2) 3.10GHz，(3) 46.0MHz 的光子的能量，并确定其相应的波长.

3. 以电子伏特为单位，计算波长为 (1) 5.00cm，(2) 500nm，(3) 5.00nm 的光子的能量.

4. 一个纳蒸汽灯的输出功率为 1000W. 如果其平均波长为 589.3nm，计算该灯每秒内发出的光子数.

5. 一个调频无线电发射器的输出功率为 150KW，工作在 99.7MHz 频率. 发射器每秒发出多少个光子？

6. 质量为 1.5kg 的物体在劲度系数为 20N/m 的弹簧末端振动. (1) 如果弹簧的能量是量子化的，计算其量子数；(2) 如果 n 改变了 1，计算弹簧能量的变化幅度.

7. 质量为 0.50kg 的物体从 3.0m 的高度下落. 如果该物体的所有能量都转变为波长为 5.0×10^{-7}m 的可见光，将产生多少光子？

8. 当波长为 350nm 的光照射到钾表面时，逸出的光子最大动能为 1.31eV. 计算 (1) 钾的逸出功；(2) 截止波长；(3) 与截止波长对应的频率.

9. 钼的逸出功为 4.20eV. (1) 计算其光电效应的截止波长和截止频率；(2) 如果入射光波长为 180nm，计算其遏止电压.

10. 锂，铍和汞的逸出功分别为 2.30eV，3.90eV 和 4.50eV. 如果 400nm 的光照射到这些金属表面，计算 (1) 哪些金属会产生光电效应？(2) 每种光电子的最大初动能？

11. 强度为 0.055W/m^2 的紫外光垂直入射到某种物质的表面，该物质中电子的束缚能为 3.44eV. 如果逸出的光电子最大速度为 4.2×10^5m/s，则每秒内从一平方厘米表面上逸发多少电子？假定吸收一个光子就逸出一个电子.

12. 原子核的直径在 10^{-14}m 数量级. 对束缚在核中的电子来说，其德布罗意波长必须处于该数量级或更小. (1) 束缚在该区域的电子的动能是多少？(2) 基于该结果，能期望在核中找到电子吗？请解释.

13. 显微镜的分辨能力正比于所用到的波长. 为了观测到原子，需要近似为 0.010nm 的分辨率. (1) 如果使用电子显微镜，要求电子的最小动能是多少？(2) 如果使用光学显微镜，要求光子的最小动能是多少？

14. 质量为 0.50kg 的石块静止在冰面上，并假定无摩擦. 如果测量石块位置时的精度为 0.50cm，则由于测量过程，石块获得的速度是多少？

参 考 文 献

E. 波恩，M. 沃耳夫. 1978. 光学原理. 杨葭荪等，译. 北京：科学出版社.

E. 赫克特，赞斯. 1980. 光学. 秦克诚等，译. 北京：人民教育出版社.

顾超英. 2008. 世界光导纤维的开发生产应用与发展前景分析. 化工文摘，(1)：22-28.

郭长立. 2009. 大学物理教程. 西安：西北工业大学出版社.

胡鸿章，凌世德. 1993. 应用光学原理. 北京：机械工业出版社.

胡望雨，等. 1996. 普通物理学（光学和近代物理）. 北京：北京大学出版社.

黄伯坚. 2007. 大学物理习题全解. 武汉：华中科技大学出版社.

计欣华，邓宗白，鲁阳，等. 2005. 工程实验力学. 北京：机械工业出版社.

江少林. 2013. 大学物理练习与思考. 北京：北京工业大学出版社.

刘恩惠上传（http：//www.soomal.com/pic/10100004103.show.htm）

刘建科. 2011. 大学物理. 北京：科学出版社.

马文蔚，周雨青，解希顺. 2007. 大学物理. 北京：高等教育出版社.

桑建平，丁么明，丁世学. 2012. 新编大学物理. 武汉：武汉大学出版社.

汤钧，万士保，等. 2008. 大学物理. 武汉：武汉理工大学出版社.

徐维杰，李淑侠. 2005. 大学物理习题精解. 5 版. 哈尔滨：哈尔滨工业大学出版社.

薛冰峰. 光纤通信的优点. 黄河报，2006-3-7（3）.

姚启钧. 2002. 光学教程. 3 版. 北京：高等教育出版社.

易明. 2006. 普通物理学教程：光学. 北京：高等教育出版社.

郁道银，谈恒英. 1999. 工程光学. 北京：机械工业出版社.

张三慧. 2000. 大学物理（第四册）. 2 版. 北京：清华大学出版社.

张三慧. 2010. University Fundamental Physics（Vol 2）. 北京：清华大学出版社.

张三慧. 2010. 大学物理学简程（下）. 北京：清华大学出版社.

朱京平. 2003. 光电子技术基础. 2 版. 北京：科学出版社.

Paul Peter Urone. 2010. College Physics. 北京：机械工业出版社.

Serway & Faughn. 2005. College Physics. 北京：清华大学出版社.